安徽省十一五规划教材

合肥工业大学出版社

产品系统设计

张学东
→编著

图书在版编目(CIP)数据

产品系统设计/张学东编著—合肥:合肥工业大学出版社,2009.5（2014.8重印）

ISBN 978-7-81093-947-8

Ⅰ.产… Ⅱ.张… Ⅲ.工业产品—系统设计 Ⅳ.TB472

中国版本图书馆CIP数据核字（2009）第060531号

产品系统设计—张学东编著——— 责任编辑◎方立松

出版发行 合肥工业大学出版社
地　　址 合肥工业大学出版社
邮　　编 230009
电　　话 总编室：0551-2903038　发行部：0551-2903198

版　　次 2009年8月第1版
印　　次 2014年8月第2次印刷
开　　本 889毫米×1194毫米　1/16
印　　张 5.5
字　　数 150千字
印　　刷 安徽联众印刷有限公司
发　　行 全国新华书店

E-mail press@hfutpress.com.cn　ISBN 978-7-81093-947-8

如果有影响阅读的印装质量问题，请与出版社发行部联系调换。　**定价：39.00元**

目录 Contents

前言

设计过程经常被视作一种涉及艺术与技术的创造表现，它需要完备的研究、细心的规划、严格的控制和最重要的系统思想的应用。要完全发挥系统设计的潜在功能，就需要多专业的手段，包括市场营销、工程设计和工业设计中的美学与外观的设计方法，以及人类学、文化学等方面的研究方法。未来最好的设计师应该具备各种技巧，但并不意味着设计专业只属于天才或多才多艺的人们。设计并不需要对所有领域都非常专精。设计师所需要的是基本上能够了解各种处理新产品开发的手段和方法的通才，在市场营销、工程设计、工业设计这三个领域的基本方法都能驾驭。这一点可使设计师的工作更为投入，并对新产品开发的各个层面有所了解。

世界很复杂，任何一个设计师都不可能理解所有的方面。正是由于这个原因，系统论被视为是对设计有益的重要学科。产品设计不仅要有一种考察和判断的方法，而且要有一种发生学的处理方法，这种方法包含尽可能多的联系，并把产品作为一个整体来理解。整体观与细节相比，具有更高的规划和协作要求。

产品设计的核心问题是协调人—产品—环境的关系。从系统的角度来看，产品设计可以依次从宏观、中观和微观三个层面来理解。首先是社会、经济、技术、文化组成的宏观层面。它主要影响产品的发展方向，是产品设计的战略层面。其次是人、产品、环境分别构成的中观层面，主要侧重于战术的角度。产品微观系统层面是针对产品本身的研究，主要包括造型、材料、加工等方面，它主要侧重于操作的角度。宏观层面更多的是从设计战略、设计管理的方面进行探讨；微观层面更多地需要在造型文法、造型语言方面进行探讨，主要是设计的基础部分；中观层面属于产品设计的过渡与衔接方面，是连接宏观与微观的重要部分，是需要设计师进行分析与研究的领域。

本书作为安徽省“十一五”规划教材，在编写过程中注重产品系统设计的理论分析，按照产品系统设计的设计过程安排内容，同时结合设计案例对产品系统设计的方法进行了深入的阐述。本书综合了人类学、生态学、设计美学、设计管理等方面的知识，将设计的系统观和系统的设计方法两方面的知识体系进行了总结，以培养分析和解决设计问题的能力。全书共五章，前两章论述系统及产品系统的相关内容，第三章论述产品品牌形象的系统分析与设计，第四章论述产品用户的系统分析与设计，第五章论述了产品生命周期的系统分析与设计。

在编写过程中，国内外的优秀设计案例，使得本书丰富多彩，在此对广大设计师深表感谢。由于列举的设计资料来源广泛，难以一一注明出处，在此特致歉意。限于篇幅与水平本书不免显得浅薄，作为引路之石，诚请广大读者批评指正。

张学东

2009年4月

第一章 绪论

第一节 产品设计的系统性思维

自然科学的目的是研究物与物的之间的关系，人文社会科学的目的是研究人、人与自身、人与群体的关系，而设计则是研究人与物的关系。在这种意义上，设计横跨了科学技术与人文社会两大领域。

今天的设计技术来自理性的方面，而人在心理的许多方面都具有非理性的因素，因此，产品设计像其他许多创造性学科一样，还很难达到广泛程度的理性标准和处理方法，包含了诸多不确定性。相应地，工业设计的实践构成了直觉和情感的一部分，正是这样使得设计充满了魅力。

就产品而言，市场因素要求产品外观形式创新，增加了形式、视觉的复杂性；技术动因则要求功能与形式的整合，增加了技术、产品或系统层次的复杂性。而人的需求则要求不断重新组织、建构产品，提升产品的使用性与价值表现，以服务于人自身。对于产品而言，不同的人对产品具有不同的期望。消费者需要较佳的产品性能和价值感；市场营销者希望新产品具有竞争力和差异性；制造工程师希望产品生产简单、组装容易；技术专家希望能尝试新的材料、新的设计和解决程序；会计部门必须控制成本和降低投资金额；设计者将心血贯注在产品中，而评论家则是去感受和判断产品。

产品从开发制造，经历营销贩卖，直至使用被抛弃，经历了作品、产品、商品、用品、废品等五个阶段，每个阶段的研究重点都不尽相同。如在产品阶段，需要对产品的功能、原理、构造、材料、工艺、形态、色彩，生产制造者的生理、心理，生产制造的环境、条件、时间等要素进行研究。在商品阶段则要研究销售原理、技术、方式、媒介、战略、形式，以及销售环境、时间、条件、心理等。产品设计的真正任务是对新生活方式的需求目标进行研究分析，并由此确定概念设计。也就是以定位作评价体系去选择、组织技术和工艺以制成产品。在定位中同时形成商品概念，使销售的策划、推销及并行工程得以推进，从而使得进入千家万户的用品才真正符合服务和以人为本的目标。由于经济持续发展及生态平衡的需要日趋成熟，检验设计定位的另一重要方面是对生产、销售、使用乃至销毁在利用过程中对资源、生态等因素的考虑，从而形成作品、产品、商品、用品、废品相互转化的动态整体。（表1－1）

人工物	作品	制品	商品	用品	废品
概念来源	人文科学	工程学	政治经济学	人类学	环境科学
发生领域	设计领域	生产领域	市场领域	日常生活领域	自然环境领域
价值体现	文化价值	制造价值	交换价值	使用价值	材料价值
支配逻辑	创新	技术	资本	功用	可持续
人	设计者	生产者	消费者	使用者	全人类
人性特征	意识性 自我性	工具性 具体性	社会性 多样性	丰富性 未决性	自然性 历史性

表1－1 人工物背后的人与人性

产品设计活动实质上是对构成产品的所有因素的“关系“进行深入研究，以发现现有“关系“中的不足，探求产生更合理“关系”的可能所进行的“关系”创新与协调工作。从系统设计的角度而言，任何一项“关系“的改善都可能带来设计的成功。反之，任何两项因素的“关系”处理不当，都可能造成设计的失败。

设计创新活动是从现有的产品中发现普通人意识不到的问题，或找到消费者不曾言明的潜在需求的基础上确定新产品的设计方向，并对收集到的相关产品、市场、技术、用户、社会、文化等信息进行筛选、演绎、表达、组织运用的再造过程。

设计是连接科技、生产、经济领域和消费、文化及意识形态领域（即社会的基础及超级架构）的活动或过程，它具有不同及多变的角色。产品设计要在技术与艺术、功能与形式、宏观与微观等等联系之中寻求一种适宜的平衡和优化。片面地研究某一侧面并加以过分强调都必然导致设计的偏差。孤立地追求造型形式或技术功能的最优并不一定能保证产品整体的最优。产品的设计、生产、管理，产品的经济性、维护性、包装运输、安全性、可靠性等方面都应从系统的高度加以具体分析，确定其各自的地位，在有序和协调的状态下发挥作用。

系统论的次优化原理告诉我们：整体大于部分之和。一个产品及其有关问题并不是相关要素的简单相加，只有协调好各元素的关系才能充分发挥其作用。产品设计的完善，一般需要一个发展过程，整个设计过程是一个动态的过程，并通过设计因素间的信息传递而相互调整和修正。因此，对整个产品设计过程而言，在安排进程和其他设计管理时，也要应用系统的思想和方法加以处理，使设计进程高效、合理、科学。

产品设计无疑是一个妥协的过程，至少在产品附加价值的因素（例如增进产品品质、增加产品额外的特点）和限制产品开发成本的因素（如产品加工、开发先导时间、设计和开发工时等）之间必须相互妥协。此类妥协的最终目的在于从随时变动的市场上推出一个可以和其他竞争对手相抗衡的产品。

柏林国际设计中心1979年在一项展览中拟定：

■好的设计不是包装技术，它必须将各类产品的特性用适当的造型手法表达出来。

■它必须将产品的功能及操作简单明白地呈现出来，并被使用者清晰地理解。

■好的设计必须要让科技发展的最新情况为人所知。

■好的设计不仅限于产品本身，它必须对生态、节能、回收、耐用性及人体工学也予以考虑。

■好的设计必须将人与物的关系当作造型工作的出发点，尤其考虑职业医学和感知等方面因素。

2001年ICSID首尔工业设计师宣言中论述工业设计的任务是：

■工业设计应该寻求人和人造环境之间的正面积极交流，优先提出问题“为什么”而不是对草率提出的问题“如何”作出回答。

■工业设计应该通过寻求主体与客体之间的和谐之处，以努力实现人与人、人与物、人与自然以及身体和心灵之间成熟、平等和全面的关系。

■工业设计应该鼓励人们通过连接可视和不可视的事物以体验生活的深度和多样性。

■工业设计应该是一个开发的概念，弹性地满足当前和未来的社会需求。

综上所述，产品设计是外因（人、时、地、事）与内因（技术、材料、工艺）等共同作用下的一个关联性系统。产品设计可转化为“对目标系统的确定”与“重组解决问题的方法”这样两个方面，并在求解时强调系统的整体性和系统的层次性，体现出系统途径下设计的一种暗合趋势。

系统设计的思想与观念将传统模式的产品设计从战术层面提升到战略层面。在产品系统设计中需要寻找与确定产品设计除形态之外的设计诸元素；了解除产品设计自身之外的诸元素影响及体验；系统掌握产品设计中自身诸元素的取舍与影响；产品系统在产品设计活动中的分类；了解产品设计中与自身产品有关的联系(语意、指示、人机、风格等)、产品完成后与之相互联系的诸如使用者、使用环境等的相互联系，在设计活动中与周边的其他非设计因素的联系，等等。

在学习和应用系统论时，应克服一种错误的思想，即认为系统论的理论和方法是一种科学的手段，因而会排斥知觉和直觉。其实，系统论所强调的观念并不排斥创造性地思考和直觉的判断，而是需要发挥直觉和感性思维方式的优点，以丰富和完善系统论的实用价值，使理性与直觉判断相结合、相促进，由此推动设计的进步。科学的、系统的设计方法与直觉的、感性的构思方法在产品设计中可以而且应该是共存互促、融合汇聚的。在一定的情况下，一个优秀的设计师的知觉往往比理性的分析更准确，更能产生充满创造性的设计。

从根本上说，系统论主要是一种观念，一种看问题的立场和观点，它要告诉我们的并不着重于说明事物本身是什么，而是强调我们应该如何认识和创造事物。因此，系统论具有方法论的意义，是一种设计哲学观。对于这一点，应引起足够的注意，不能把系统论设计思想和方法理解为设计的技术。

第二节　产品系统设计的研究框架

产品设计的核心问题是协调人—产品—环境的关系。因而对于产品设计而言，可以从三个层面进行思考。首先是人、产品、环境组成的社会、经济、技术、文化的宏观层面。它主要影响产品的发展方向，是产品设计的战略层面，主要研究“设计什么”的问题，即设计的目的。其次是产品与人、企业、环境分别构成的中观层面。人的分析主要研究如何从人的角度来思考设计问题，即满足人的合适性要求。企业分析主要从企业角度来研究品牌问题，即满足企业的统一性要求。环境分析主要从自然的角度来研究发展问题，即满足环境的可持续性要求。中观层面主要关注“用户、企业、环境有什么需要，怎样满足”的问题，即设计的途径。它主要从战术角度来思考设计的系统性，即如何满足产品宏观战略的要求来完成设计。最后是对产品本身的研究，主要是造型、材料、加工等方面，我们称为微观层面，它主要侧重于操作的角度，主要侧重“怎么设计”的问题，即设计的方法。

从系统的角度来看，产品设计可以依次分为宏观系统设计、中观系统设计和微观系统设计。宏观层面主要研究产品在经济、技术、文化条件下产品的发展，主要从设计战略、设计管理的方面进行探讨。微观层面更多地需要在造型文法、造型语言方面进行探讨，主要是设计的基础部分。中观层面主要研究人与产品、企业与产品、环境（自然）与产品的系统性关系，是连接宏观与微观的重要方面，更是需要设计师进行分析与研究的领域。本书由于篇幅关系，重点在宏观与中观层面进行展开，更加偏重于对中观系统的研究。（图1－1）

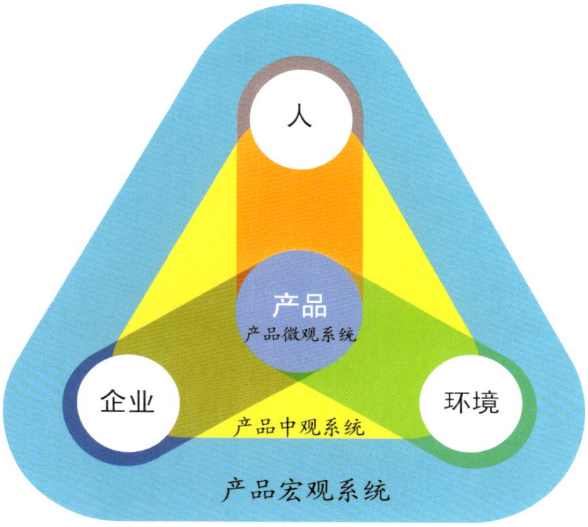

图1－1　产品系统设计的三个层面

第三节　学习产品系统设计的任务

产品一旦以某些物质因素成形后就是固定不变的，人在选择物品、消费物品的过程中常常出现独立的人的需求与固定物质构成的接触。厂家和商家为了突出自己生产经销的产品，常常以夸大的技巧排斥人的不同客观因素，把物品构成推崇到极致，似乎一切都以物质形态的产品为中心，形成了人与物、物与物的单一联系，以及以物质为中心的单一产品观。在人与物的客观现实中，始终把固定的物质形态作为企业的得意宠儿和社会消费的追求热点。

这种单一产品观把处于静态的物品作为一切活动的中心，社会方方面面都能以此为契机从中获得收益。但是，一旦这种物品随时间推移失去光彩，随之而来的是社会各业为之受牵连的低谷，这在国内外都有很多令人印象深刻的事例，如彩电、冰箱无序生产和竞争中的大拼杀，小型家用车追捧后的高量库存积压等。

在产品设计中，需要把产品作为流动的载体，形成以人为中心的产品链，探讨产品的原因、变化、关系、影响、发展等因素；发现产品系统观下的各个支撑点，将产品作为一个宏观概念的物质，从物的动态流线中研究和挖掘产品的生命力。产品系统观是以螺旋式的扩散与收敛结构为特征，从人类社会发展变化的角度关注产品从为何生产到如何消费的全过程。扩散反映为基于人与物的构成因素，向外界任何一项因素扩展相关联的关系；收敛反映为社会总构成将任何一项因素都回收到人与物的构成关系中。产品始终作为社会构成中有机关联的物品，成为现代人生存发展的完全依托。

在产品设计中，产品观直接决定着设计工作中的视野和成效。上述两种产品观有着截然不同的区别。前者是就产品而产品的单一产品观，后者是把产品建立在人类社会可变属性上的系统产品观。针对单纯的产品结构而言，这两种观念都没有错，是从不同的起点上设计出各具内涵特征的产品。但是，如果把一件产品放到产品创新与企业发展、人类进步和社会可持续发展的高度，单一的产品观只局限于按既定概念构成物品，在物品更迭、时代变迁、人的因素变化面前会显得缺乏活力、缺乏应对社会各项物质变化的生命力。产品系统观能贯通物质构成和社会中的运转，反映主命脉的“人”的作用与反应，把产品所涉及的各项关联因素进行系统分层研究，操纵时刻都有可能发生变化的产品构成实体。产品系统观更适合现代社会构成的整体发展，更能抓住以“人”为中心的本质，筹划物品生产的全局，真正以不断推进的产品加速企业和人类社会进展的步伐。

现代产品设计的系统观是以科学系统的思想为基础，强调产品与相关因素的系统性和有机整体性。无论产品要素之间，还是产品和技术、环境、需求等其他要素之间，都是以一定结构形式、规律或次序相联系并构成能实现功能目的的有机整体。现代产品设计的系统观还注重对产品及相关系统概念和层次的关系研究以及对系统整体特征与要求的把握，包括产品或非产品系统、高级或从属系统、单纯或复杂系统等不同系统类型，也包括相关系统之间表现出的并存、制约、交叉、融合等多样性的关系。

用系统设计推进人类的进步是现代设计师肩负的使命。人类社会进步的步伐不以人的意志为转移地向前飞速发展，在发展中表现出的各种现象似乎是产品单方面的问题，如人对产品的选择已从纯功能品质转向综合效能品质，从单一物能满足转向物质精神的感受性满足，从固定消费选择转向多极消费选择。表面看是物质消费和物质形态构成需求的转化，其实这是社会系统变革下影响产品系统设计的转变，从单件产品需求上反映着产品系统设计核心内容的大变革。单独以产品的直观形式去推动，只能获得某一产品限定形态的转变，却不能带动社会系统要求下的产品链的变革。因此，需要从社会系统结构的状态上挖掘支撑人类发展的各个因素，把它们汇聚到产品系统的实质要求中，并细化到每一个具体产品形态，构成相互连贯的系统产品，以支撑社会系统的物质思想核心，从物质形态上折射出人类生存和发展的价值取向。

学习产品系统设计，要从产品系统构成链上全面出击，把产品技术构成、功能构成、结构构成、界面构成、材质构成、人机构成、形态构成集聚成一体化的设计观和评价观，以此统筹和要求各项产品要素在时代背景下的再发展。这些构成是建立在社会时代背景下的现状构成，不是局限于一件或一类产品。把这些因素和特点建立在社会时代背景下去思考和开发任何一件产品，能基于产品链纵横向的发展前景开辟出崭新的设计思路，这就是产品系统设计的根本目的。要做到这些就必须综合考虑在上述的要素和特点上建立系统支持结构，并融会贯通地应用到具体产品的系统设计上。

学习产品系统设计，要透过产品的限定把社会因素和作用融入到产品设计中，并以产品的独特形式调节和促进社会构成的发展。社会各项因素因时、因人、因环境时刻都在变化，哪一方面的变化都会直接或间接地影响到产品构成实体。新型动力能源的日趋成熟、某种地域文化风潮的兴起、不同经济基础下劳动力成本的变化、产业经济战略的调整、材料科学推出的最新材料、精密加工技术的升级转换等，都会不同程度地决定产品构成的内涵。产品构成系统及时地容纳各种因素，把社会的、技术的、工程的、人性的、经济的、哲学的、文化的、民俗的、生态的因素转化为产品系统表达的因素，通过产品载体的特殊形式不断调节社会与人的构成关系，这就是学习产品系统设计的根本任务。

第四节　产品系统设计的基本要求

4.1 设定清晰的系统目标

设计师不能完全依赖超凡的洞察力，而要诉诸于系统化的方法。设定新产品清晰和实际的设计目标可以让设计师知道成功的产品需要什么样的条件。其中一些重要目标是消费者所需要或渴望的，其他重要目标包括妥协生产制造者的技术和设备、适合预期的市场营销策略、销售额和经营渠道，以及符合相关的法令规章或工业标准。无法设定设计目标的设计师一方面看不清盲点，另一方面也看不清要达到成功产品的需求条件。

设定清晰和实际的设计目标可以让设计师知道成功的商品需要达到什么条件。如果越能想出每一种可能的解决方法，那么越能够发现最佳的可行解答方法。

4.2　加强设计过程控制

设定新产品设计目标的前提是必须对整个设计开发过程加以控制。在每个阶段检验各种设计构想和解答是唯一能够察觉是否已偏离设计目标正轨的方法。如果能够设定一个新的发展方向，则产品开发可以持续下去，否则设计师应该在投入太多成本之前放弃此想法。没有办法察觉新产品方向错误的设计师只能期望产品上市后听不到被砸碎的声音。

4.3　尽量多地设计方案

自由表达其创意性是设计师设计的特点之一。一般都认为使用系统设计方法会大大地限制创意的发展，这似乎是一个无法进一步查证的信念。创意是由百分之一的灵感加上百分之九十九的汗水组成的。之所以会流汗是因为内心有所准备，这是启发灵感的基础工作。历史上有关各种伟大发明的记载大都将焦点放在最后突破性的神来一笔或灵机一动。很少有人提到发明家经年累月的探索问题，包括研究现有的解答方法和钻研那些最后被证实为没有价值的构想。在许多情形中，不正确解答方法的积累是设计者一步一步接近突破性答案的必要途径。新产品的开发过程亦如此。因此，设计师必须被赋予不成功的创意构想的自由，才能发现成功的构想。事实上，被设计主管否决的构想数目和品质是衡量一个设计师创意构想能力的最佳方式。当我们由十个构想中选出最佳解答方法时，这种构想是好的几率将会更大。以此类推，如果你越能想出每一种可能的解答方法，那么你就越能够发现最佳的可行解答方法。

因此，创意构想表达的自由，包括那些最后被证明没有价值的构想在内，仍是新产品设计的精髓所在。对大多数问题提出一项解答方法就已经不容易了，要产生许多解答的远景就更不乐观。从这个角度来看，系统性的构想产生技巧是产品系统设计所需要的。

第二章　产品系统概述

第一节　系统及系统论思想

1.1　系统的内涵及特征

系统“system”来源于古希腊语，是由部分组成整体的意思。一切相互影响或联系的事物（物体、法则、事件等）的集合都可以视为系统。一个完整的系统是由元素、结构、功能三个要素组成的。构成系统的事物称为系统的元素，元素间相对稳定有序的联系方式称为系统结构，元素间通过有机结构产生的综合效果称为系统的功能。对于产品设计而言，关键问题不在于对系统作出严密的定义，而在于对系统内涵及特征的理解，以利于正确掌握和领会系统论设计思想和方法，指导设计实践。

关于系统的内涵可以从以下几个方面来理解：

（1）系统是由多个事物构成的，是一种有序的集合体。单一的事物元素，如一个零件、一个方法、一个步骤等，是不能作为系统来看待的。

（2）系统中的各个构成元素是相互作用、相互依存的。无关事物的总和不能算作系统。

（3）某事物是否是系统并不是绝对的，这要从看待该事物的角度而定。从生产线的观点看，某生产线的一部机器不是系统，而只是该生产线系统中的一元素。但从这台机器的角度看该机器的各零部件则构成了该机器系统。

（4）从层次的观点看，一个系统可以包含若干子系统，子系统也可以包含若干子系统等。所以关键的问题在于看待事物的角度。

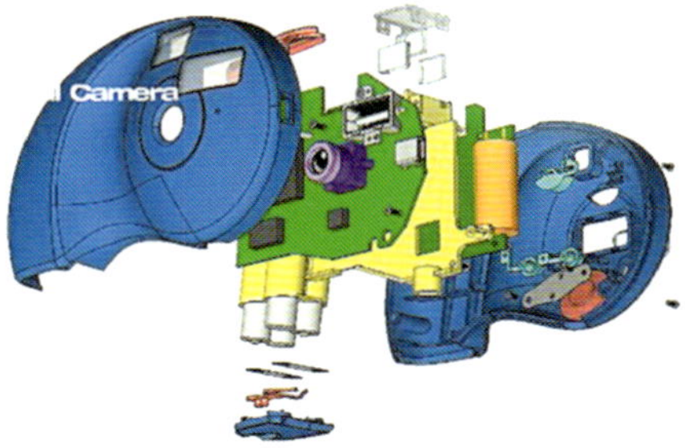

图2-1　相机结构系统

总之，系统的内涵是明确的，并不是任一事物都能称为系统；同时，系统的概念也是相对的，它取决于人们看事物的方法。从这种意义上说系统的概念不是告诉我们世界本身是什么，而是要告诉我们应该怎样看世界。（图2-1，图2-2，图2-3）

从系统的内涵中，已大致能了解到系统的特性。系统的特性可概括为：

（1）整体性：即系统是两个元素以上的集合。

（2）目的性：即系统必须完成一种特定的功能，各元素、各子系统既相互协同又制约地达到系统目的。

（3）有序性：即系统中各种多层次结构应有秩序地工作。

（4）反馈性：即根据系统输出功能的情况，系统有

图2-2　Cylinda-line不锈钢系列

图2-3 JOYN办公家具系统

图2-4 儿童游乐设施系统

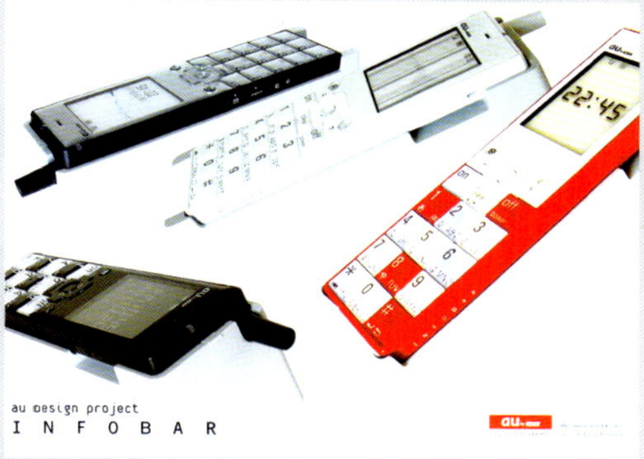

图2-5 手机系列

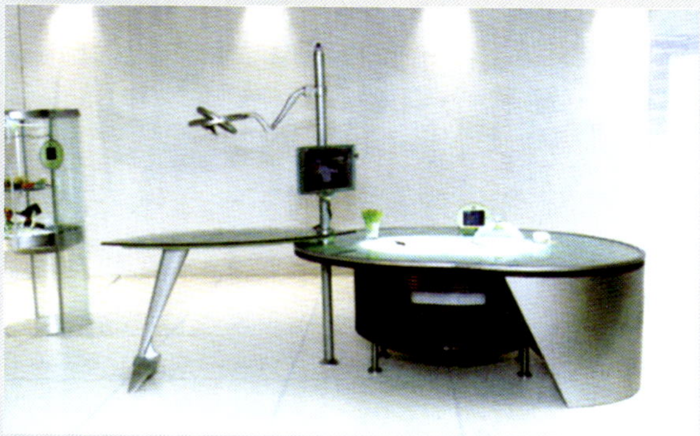

图2-6 办公系统

从内部机制或外部因素改变控制过程，以改善系统输入等状态的品质。

（5）动态性：即系统总是处于相对的稳定状态，而绝对地处于运动状态，随时随地在各种正常或不正常输入与干扰信号下运动。

1.2 系统论思想的特征

系统学说是由19世纪的系统论、控制论、信息论经耗散结构理论、协同学、复杂巨系统、突变论、浑沌科学以及其他自组织理论，发展成为现今的“复杂性问题”。西蒙说：“系统途径是一种态度和想法，并不是一种明确清晰的理论。……系统途径是指关照整个问题……先设计出一个系统的框架，然后，在做个别决策时须考虑到各个决策对系统整体而言有何影响。”系统途径最重要的和最有现实意义的是它的方法论，既克服了分析还原方法的局限性而又包含分析还原方法的系统方法论，将任何事物作为一个系统整体进行分析。

所谓系统的方法，即从系统的观点出发，始终着重于从整体与部分之间、整体对象与外部环境之间的相互联系、相互作用、相互制约的关系中综合地、精确地考查对象，以达到最佳处理问题的一种方法。其显著特点是整体性、综合性、最优化。（图2-4，图2-5，图2-6）

（1）整体性：整体性是系统论思想的基本出发点，即把事物整体作为研究对象。整体性就是从事物（系统）的整体出发，着眼于系统整体的最高效益，而不是只局限于个别子系统。各种对象、事件、过程等都不是杂乱无章的偶然堆积，而是一个合乎规律的，由各种要素组成的有机整体。构成系统的各层子系统都各具特定的功能和目标，它们彼此分工协作，才能实现系统整体功能和目标。构成整体的所有要素都是有机整体的一部分，它们不能脱离整体而独立存在，系统整体的功能和性质又是其各个组成部分或要素所不具备的。因此，如果只研究改善某些局

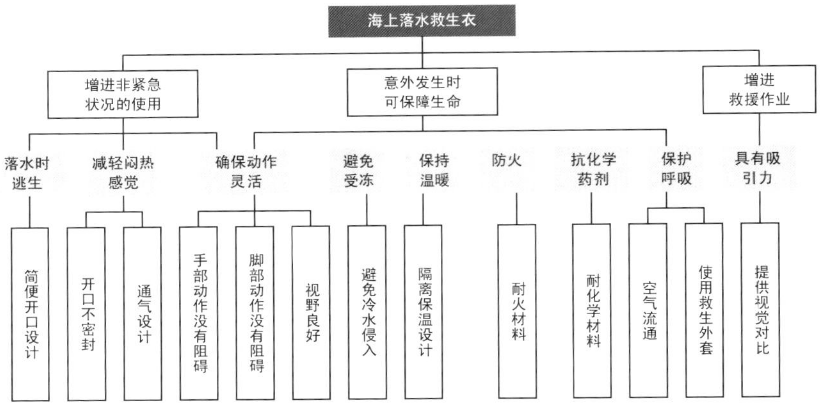

图2－7　救生衣功能系统分析

部问题，而其他子系统被忽略或不健全，则系统整体的效益将受到不利的影响。

（2）综合性：系统论是通过辩证分析和高度综合，使各种要素相互渗透、协调而达到整个系统的最优化。综合性有两个方面的含义，一是任何系统都是一些要素为特定目的而组成的综合体，如建筑就是功能、环境、技术、人文、艺术等组成的综合体；二是对任何事物的研究，都必须从它的成分、结构、功能、相互联系方式等方面进行综合地系统考察。

（3）最优化：所谓最优化就是取得最好的功能效果，即达到选择出解决问题的最好方案。最优化是系统论思想和方法的最终目标。

1.3　系统分析与系统综合

系统的分析和综合，是系统论的基本方法。分析和综合只是相对的。一般来讲，分析先于综合，对现有系统可在分析后加以改善，达到新的综合，对于尚未存在的系统可收集其他类似系统的资料通过分析进行创造性设计以达到综合。对于系统分析和系统综合而言，要求把分析和综合的方法和系统联系起来，要从系统的观点出发，用分析和综合的方法解决设计中的有关问题，为系统问题的解决提供依据。

系统分析就是为了使设计问题的构成要素和有关因素能够清晰地显现而对系统的结构和层次关系进行分解，从而明确系统的特点，取得必要的设计信息和线索。揭示系统要素之间的关系是系统分析的主要任务。系统分析除了整体化原则之外，也还要遵循辩证性原则，把内部、外部的各种问题结合起来，局部效益与整体效益结合起来。（图2–7）

系统综合是根据系统分析的结果，在经评价、整理、改善后，决定事物的过程和特点，确定设计对象的基本方面。此时应尽可能地做出多种综合方案，并按照一定的标准和方法加以评价、择优，选出最佳的综合方案。总之，系统分析和综合就是一个扩散和整合交织的过程。

系统分析是系统综合的前提。通过分析，为设计提供解决问题的依据，加深对设计问题的认识，启发设计构思。没有分析就没有设计，但分析只是手段，对分析的结果加以归纳、整理、完善和改进，在新的起点上达到系统综合才是目的。

在实际设计中，进行系统分析和综合时要注意以下原则。

（1）必须把内部、外部各种影响因素结合起来进行综合分析。

（2）必须把局部效益与整体效益结合起来考虑，而最终追求最佳的整体效益。

（3）依据目标的性质和特征采取相应的定量或定性的分析方法。

（4）必须遵循系统与子系统或构成要素间协调性的原则，使总体性能最佳。

（5）必须遵循辩证法的观点，从客观实际出发，对客观情况作出周密调查，考虑到各种因素，准确反映客观实际。

第二节　产品系统的三个层面

一件产品可以被视作具有某种结构和功能的个体，即由不同材料和工艺制造的部件组成的整体，也可以被看作是一个由各种要素或子系统构成的系统。换言之，一个产品可以是一个系统，也可以是一个要素；一组产品可以是一个系统，也可能是上一级系统的子系统或要素。（图2-8）

2.1　产品的宏观系统

社会构成的主体是人，因人的本能需要和发展需求分门别类形成社会大系统。产品作为人类任何时期都不可缺少的构成内容渗透到社会系统构成中，有的反映出密切相关的关联，有的反映出间接的关联，其中也因产品构成特性反映出不同广度和深度的关联。社会宏观系统构成决定着产品系统的各项因素，以强大的社会影响力和渗透力牵引着产品设计的方向。如家用轿车的设计与能源、交通、城市发展、家庭结构、社会经济分配等方面有较强的关联性。（图2-9）

社会观念是个人观念、意识的综合，是社会群体在一段较长时间内相对稳定的观念，它随时潜在地影响着人们生活和行为的方方面面。社会观念虽然相对稳定，但是它同样是流动的、发展的。它总是体现出时代发展的特定观念特色，综合在新的经济技术发展中涌现出来的各种新的思想潮流。1940到1950年代充满挑战、革命的社会观念，在注重技术与科学的社会热情下产生了现代主义，产品一反传统，尽是功能主义和理性主义的风格。1950到1960年代英国大众化、通俗化、娱乐化的观念兴起，其间产品流行新奇的POP风格。从1970年代开始，经济的发展、生活的改善、社会观念的日趋多元，导致人们对复杂的、变化的后现代主义的追逐，产品也开始呈现个性多样化的形象。由此可见，产品是以社会经济为基础的社会观念影响设计的结果。正是产品与设计的相互影响和推动，促进了新的产品形象不断出现。社会的审美状况、物品功能价值观、区域风情特征、文化背景的认知都会对产品的宏观系统产生影响。（图2-10）

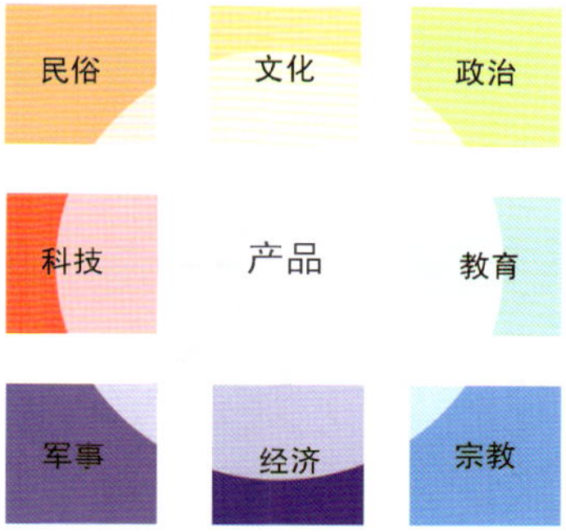

图2-9
产品宏观系统因素

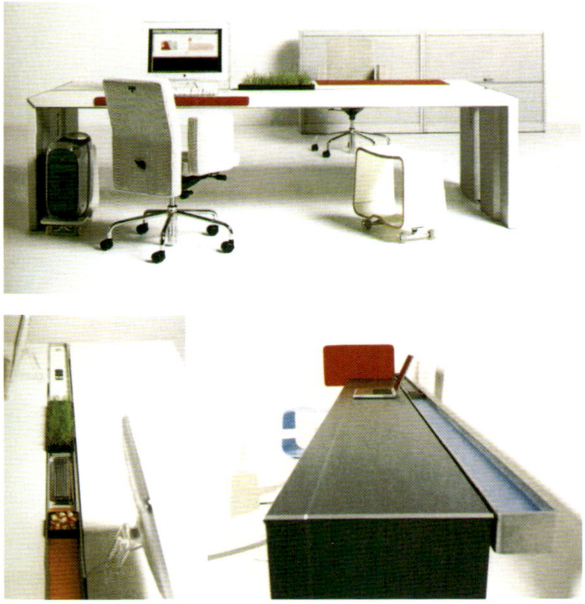

图2-8　Double You办公家具

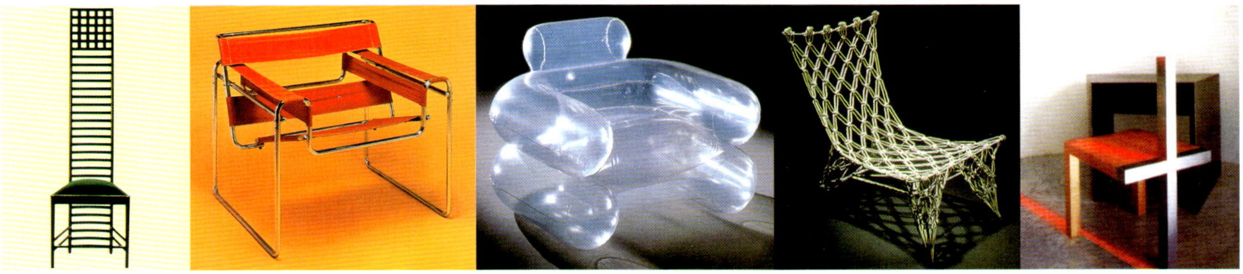

图2-10　产品风格的演进

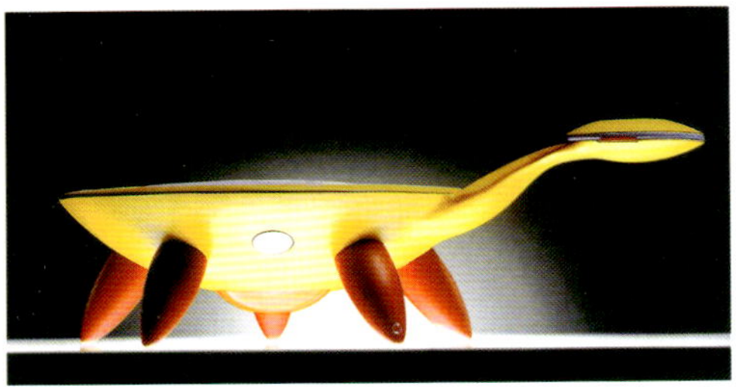

图2-11　数码产品

把握产品宏观系统的目的是从产品构成的趋势上探寻产品设计演变的主导方向。不同历史时期中决定其走向发展的主要因素会启发设计师把握有利因素推进产品系统的大变革。如微电子技术的发展对电器产品的影响，新体验经济下的感性设计的衍生与发展。在不同时代背景的变革中，产品都以鲜明的特色反映着这种变革。（图2-11，2-12，2-13，2-14）

洗衣机从单缸洗涤、双缸洗涤、全自动发展到今天的智能模糊，都从产品系统概念上，使产品在技术、技能、结构、界面、材质、人机、形态等方面表现出鲜明的时代特点。

因此，对产品宏观系统的分析必须从两个方面去掌握。一是发掘产品发展中具有鲜明特征的变革，以及决定并主导这些变革的主要宏观因素。掌握这些内容，能帮助设计师明辨产品系统与社会诸因素之间的变革关系，不失时机地以主导因素推动产品系统的发展。第二，产品系统构成中的各个元素在同一外在因素的作用下，是如何形成或表现出不同个性的。掌握这一内容，能帮助设计师从中找出交错的相关作用因子，从产品表现实体上体现出系统活力。前一因素是从产品与社会发展的观念上把握，后一种因素是从产品构成元素的系统变革上把握。

产品宏观系统的社会属性，在今后的人类社会整体发展中的表现会越来越鲜明。比如社会生态观主导下的低排量微型车；新型动力的太阳能电池；氢燃料家用轿车的研发；小型化、微型化的发展；新经济格局下的交互、感性内涵的表现；全球化交融下的地域文脉的承袭、演变与

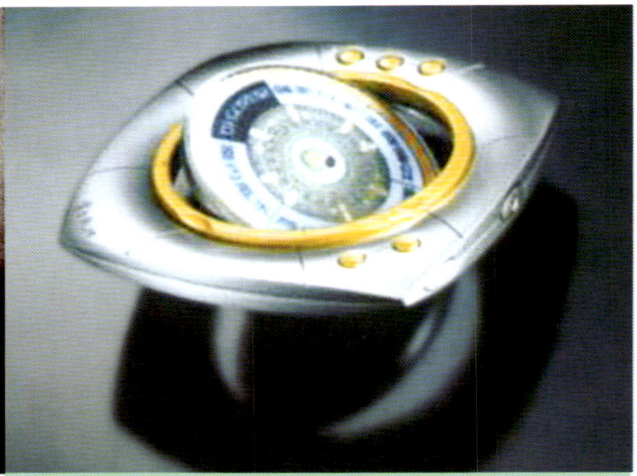

图2-12（左上）　投影仪

图2-13（右上）　电子罗盘

图2-14（左下）　收音机

图2-15（左） 产品宏观系统环境

图2-16（右） 厨房设计趋势研究

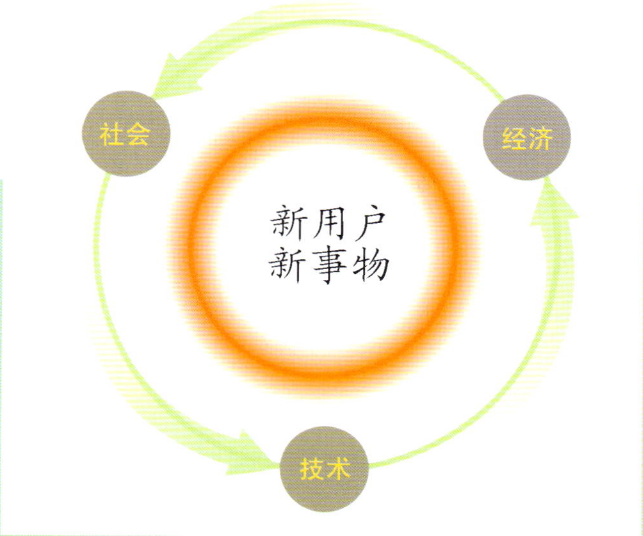

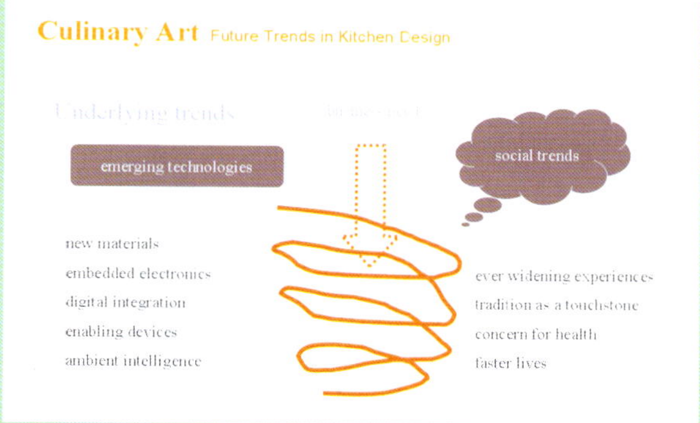

国际化沟通等。社会支流是社会发展中具有某种倾向和代表性的实质内容，如灯具的文化品位体现。种种社会支流反映出某一层面的总需求，在一定范围内影响着产品系统走向。

环境保护与经济、社会的发展关系是当今国际社会普遍关注的问题。近十几年来，各国已对此取得了共识：人口、资源、环境和发展这四者之间有着不可分割的关系。要合理利用资源，必须建立新的生产方式和消费方式，有效地保护生态环境，从而建立一个可持续发展的社会。因此，需要从环境的视角，在产品生命周期中，从产品流通到废弃物的处理、能源再生和再利用这一过程中以系统的观点来考察其对环境的影响程度。

进入到21世纪，随着科技的高速发展、社会的进步、生活水平的提高，人们的思想意识、对生活质量的追求都发生翻天覆地的变化。在全球性的新技术革命浪潮冲击下更是观念频生，包括新的人本观念、信息观念、生态观念、通用设计观念、持续发展观念等，这些极大地影响着产品设计的方方面面。设计中强调操作界面，以直觉化、友好的设计取代学习式的约束，运用产品语意学的理论，尝试以符号建立新的产品视觉形象，来唤起消费者精神和心灵上的共鸣。（图2-15）

社会的宏观系统因素无时不牵连着产品系统的构成，只要社会构成出现大的导向变化，都会给产品系统带来直接的影响。产品系统只有密切扣紧社会大系统提供的社会舞台，不断调整自己的系统构成，才会不失时机地伴随社会的变化获得更好的发展。

产品宏观系统分析的目的是发现产品机会，它是所有产品、服务和信息处理的核心动力。当市场上现有产品和新趋势推动下新产品或重大产品改进的可能性之间存在缺口的时候，产品的机会就会出现。当产品满足了客户有意识或无意识的需求和期望值，并被认为是有用的、好用的和希望拥有的产品的时候，它就成功地填补了产品的机会缺口。产品宏观系统分析是艺术与科学的结合，它要求不断地对社会趋势、经济动力和先进技术三个主要方面的因素进行综合分析研究。（图2-16）

社会因素集中了文化和社会生活中相互作用的各种因素，包括：家庭结构和工作模式（如有兼职工作的单身父母数量比例或者工作时间相对灵活的双职工父母的比例）；健康因素（比如说运动有助于健康）；电脑和互联网的应用；政治环境；其他行业成功的产品；运动和娱乐（比如说街头滑板运动造就了一种穿着松松跨跨长裤的新生代青年人的流行式样和相应的生活方式）；与体育运动相关的各种活动（例如各种新、老体育场馆的建设以及场馆里运动员的各种表演）；电影和电视等娱乐产业；旅游

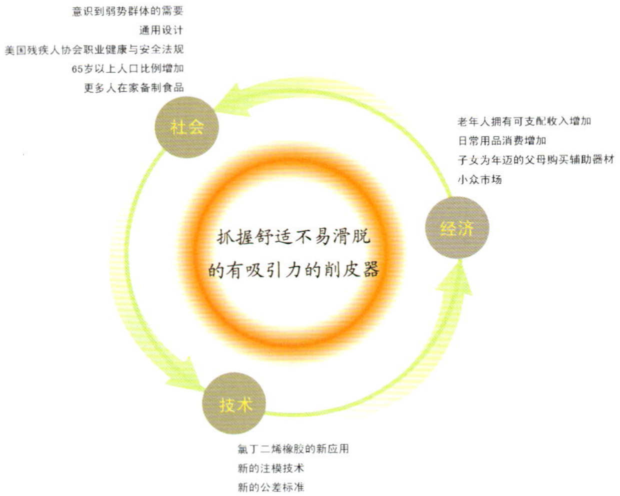

图2-17（左） OXO削皮器

图2-18（右） OXO削皮器的SET分析

环境（例如提供梦幻旅游服务的迪尼斯乐园、拉斯维加斯和Club Med——一家提供一条龙全程服务的海滩旅游俱乐部）；图书；杂志；音乐（从摇滚到新古典）。

经济因素所关注的主要是人们觉得自己拥有的或希望自己拥有的购买水平。我们称之为“心理经济学”，即人们所希望自己拥有的、可以用来购买改善其生活方式的产品与享受服务的能力。经济因素受整体经济形势和经济形势预测、燃油消耗、原材料消耗、贷款利率、可获得的风险投资、股市和股市行情预测、实际拥有的可自由支配收入等多方面影响。在诸多经济因素里影响产品开发的另外一些因素又包括了解谁在挣钱，谁在花钱，他们又为谁花钱。随着社会因素的改变，人们的消费趋势也在改变。

技术因素主要是指直接或间接地运用公司、军队和学校的新技术和科研成果，以及这些成果所包含的潜在能力和价值，比如Moore Law（英特尔公司创始人之一）预测的计算机计算能力的惊人增长、与计算机计算能力增长相对应的周边技术的尺寸和体积的急剧缩小、新材料和新工艺的优势、电子与工程技术的变革、空间技术与军事技术、电影和娱乐运动技术以及微生化技术。

社会—经济—技术（SET）因素随时可以产生出影响人们生活方式的新的产品机遇。宏观系统分析的目标是发现新用户、创造新事物。通过了解这些系列因素识别新的趋势，并找到与之相匹配的技术和购买动力，从而开发出新的产品和服务。出现机会的窗口往往会很小，产品来得太早或太晚都会错过原本存在的机会。

SET因素的理论可以帮助识别产品机会点，常常通过间接的方式，从新闻、报纸、专业杂志以及技术刊物了解并分析这些因素。直接与人们探讨、交流以获得第一手资料也可以帮助设计师了解个人的或某些特定群体的意见。

例如Sam Farber开发OXO削皮器的四个主要的因素是：美国公众开始关注有生理障碍的人的需求；这些有生理障碍的人也要求产品能够根据他们的特定需要而设计；另一方面的因素是商业化本身的变化：大市场经营模式逐渐转化成小市场经营；更多的人开始追求更高品质的家庭用具，尤其是厨具。

这一切在本质上是，随着生活趋势的变化，人们已经能够意识到产品所蕴涵的价值，并愿意为体验这种价值去花钱。（图2-17，图2-18）

2.2 产品中观系统

产品的中观系统指产品的外部环境因素：时间—环境—用户。时间包括流行风貌的时代和用户行为的时机（使用时间域和使用时间点）两个方面内容。环境包括不同区域的地理环境和人文环境。对现代设计而言，环境指人们行为的场合，包括周围有形的物及其本身所使用的系统。

用户包括使用者和消费者。设计后续的制造、销

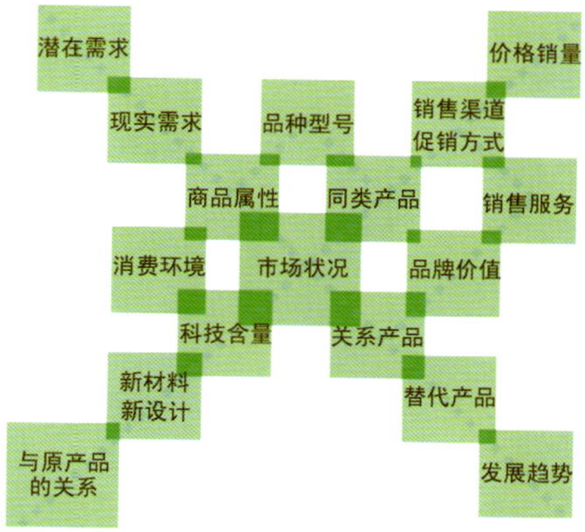

图2-19　产品中观市场系统

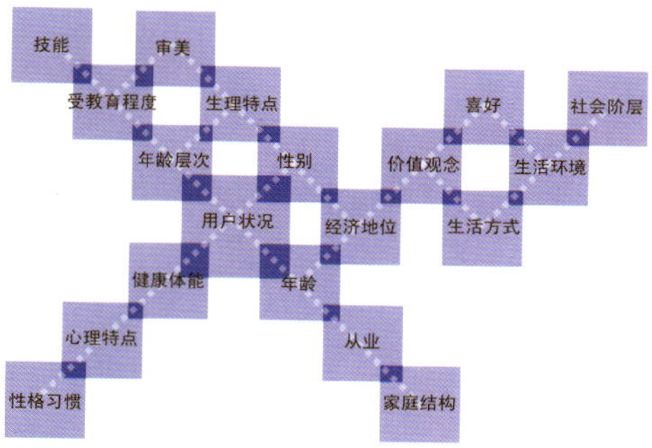

图2-20　产品中观用户系统

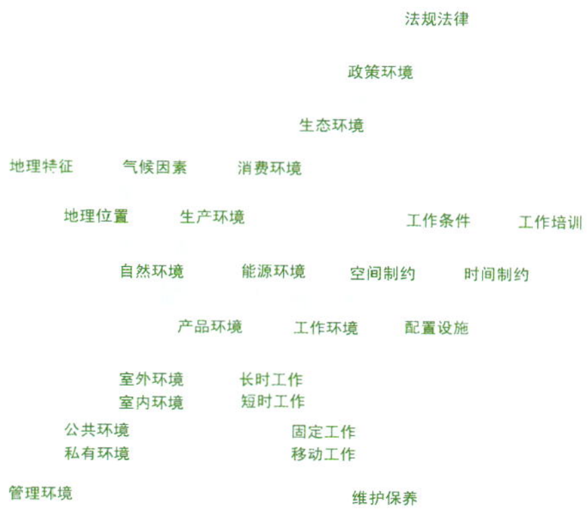

图2-21　产品中观环境系统

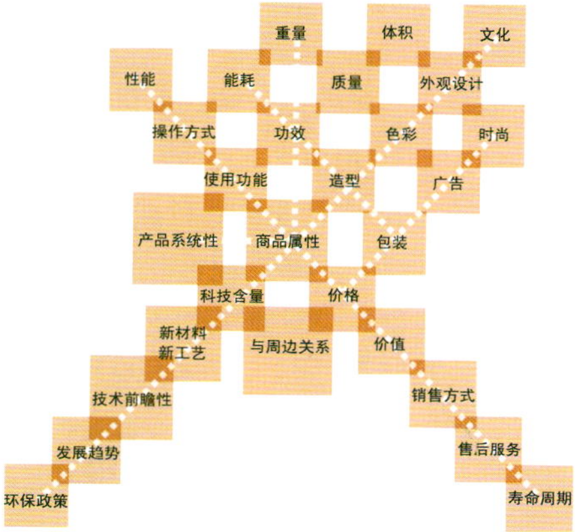

图2-22　产品中观商品系统

售、使用、回收等过程中所涉及到的制造者、营销者、管理者、使用者和维修者都属于用户的范畴。

产品中观系统根据研究的重点与角度不同，可以在商品系统、市场系统、用户系统、技术系统、环境系统等方面进行深入研究。（图2-19，2-20，2-21，2-22）

环境提供信息线索给用户告知何种行为在特定环境下是合适的。环境的配置规范了某些行为的产生，同时也是一个行为的来源。人们通过行为实现需求或期望的满足，从而产生情感和意义。这一层面通过对新用户的研究发现新需求从而创造新服务。（图2-23）

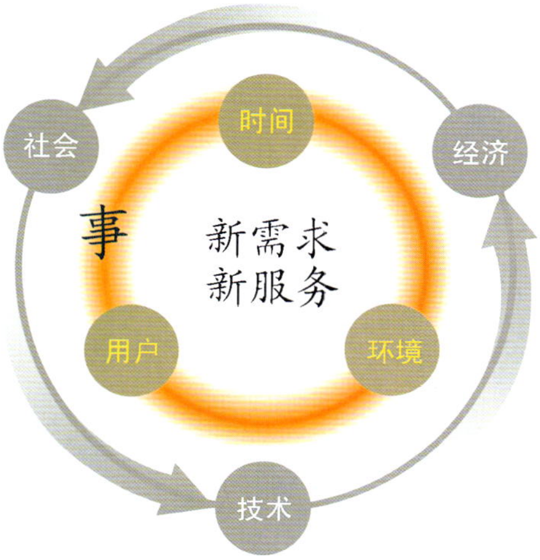

图2-23　产品中观系统环境

2.3 产品的微观系统

产品微观系统是产品内部环境因素，把产品本身作为一个独立的系统单元，其目标是通过系统内部的各要素的有效组合来实现作为要素单元的产品价值。综合企业的产品战略、用户的经济能力、审美价值、使用范围以及产品材料、加工等等方面的要素，从而进行产品的系统性设计，满足产品的宏观、中观系统要求。（图2-24）

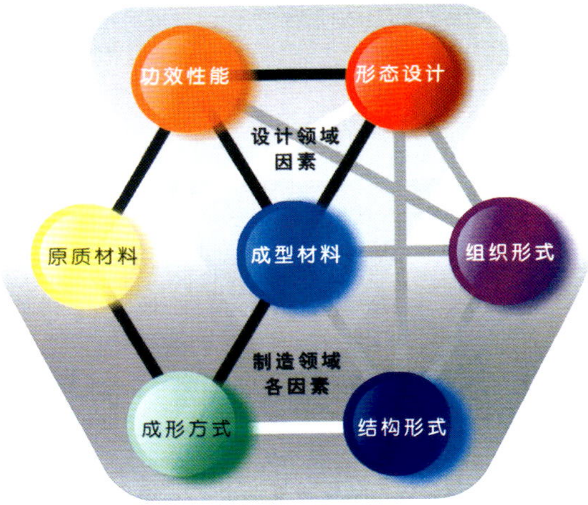

图2-24 产品微观系统因素

（1）功能要素

产品功能是支撑产品微观系统构成的基本要素，直接决定产品的基本价值。产品核心功能定位是产品设计的纲领性构成，决定产品的卖点和具体社会消费需求的满足程度。

从人的角度来看，三个不同功能层面的关系组成了产品的基本功能。产品的实用功能，即可用性是产品功能的基础，然后才能涉及到产品的审美功能和象征功能。美的产品给我们带来美的享受（外观或情感功能）。象征功能表明的是社会地位和归属感，使产品使用程序的延伸。（表2-1）

表2-1 功能关系分析

人	产 品	功 能
使用者层面	物理体验	实 用
观察者层面	情感体验	美 学
拥有者层面	社会体验	象 征

运用核心功能要素体现产品系统设计的价值，在未来社会的发展中越来越显现出强劲的生命力。国际上很多企业的产品都习惯用这种手段的发展来赢得消费者的欢迎，在每一阶段推出的新型产品中，都以某一方面的核心功能要素标榜出时尚卖点吸引客户，刺激社会化的产品系统构成新格局。

核心功能要素将形成设计中需要表现的核心内容。因此要通过产品构成元素的转化，建立核心功能的表现点。产品的核心功能要素的表现一般选择外露的、显示突出的形式，以容易引起人们直接感触和接受的方式表达。一个不知道可以用什么方式打开的盒子内无论藏有多么先进的核心功能，人们都很难从中受益。

（2）结构要素

产品结构是产品微观系统构成的具体表现形式，是把各部件编制成一个有机整体的表现形式。产品结构的表达主要从两个侧面反映设计内涵，一是产品功能决定下的部件与部件的技术结构，二是部件总体构成形成的操作控制方式与人的感受和认知结构。（图2-25）

部件结构的表达要充分运用技术参数，在部件关联的便捷性、空间利用的科学性、部件功能发挥的可靠性、生产总装的效率性、使用维护的便利性等方面作系统设置。部件总体构成形成的操作控制方式与认知结构的表达，主要反映在外观结构的开启、运作结构传递出的感受，功能信息的有效传播，色泽展示出的品质，线形风格表现出的潮流等。产品结构表达在这一层面上把人的作用包含进去，以互动的形式作用表达结构中的人性化意义。

（3）造型要素

设计师手中的造型始终具有丰富的情感色彩，曲显柔、直显刚、曲直相间表达节奏、体量变化表达律动，由线生面，由面成体，充分显现出丰富的造型语言。产品的内在功能虽然没有什么变化，但通过造型变化会形成总体

图2-25（左上）手动工具

图2-26（右上）空调

图2-27（左下）椅子

感观迥异的风格。在社会形态、消费价值等方面所产生的强大作用力下，造型要素从物质构成的意义上推动社会的发展。（图2-26）

造型作为一种形象语言，能充分表达出产品的性格、特征、情感与美学需求。一要不断加强对造型时代个性的认知，二要掌握造型变换组合连接的技巧，三要积累不同载体中造型个性的表达，四要集聚设计观中的物象意义表达。

（4）色彩要素

色彩是最富情感的表达要素，设计中的色彩是功能和情感的融合表达，在功能的表现具有一定的共同认知个性。色彩在产品系统中非常直观，是形成产品主体风格的重要元素之一。在具体表达中，一要以主调色彩形成具有产品综合特性的品质感，二要在产品色彩属性规律的基础上开创出新的时尚感，三要运用色彩构成原理创造出最佳的舒适状态的操作控制平台，四要运用色彩的综合搭配原理技巧处理部件之间构成关系。（图2-27）

（5）人机要素

在产品与人的作用关系中，人对产品的认知、感受、领悟是通过产品传递出来的各种视觉、触觉、操作信息逐渐达到的，这就是人一机（产品）关系的实现过程。每一个实现，点上的现象也就反映为人机个性特征。产品内部所有功能部件都必须外延到表面，形成直观可以辨别的结构，如电动工具的握取、开启、电源开关、可调部件的结构排列和适当指示，从直观外形上表达出接触控制的人机联系。通过线形和符号，强调产品的操作可视性、可用性和舒适性。

人机关系是产品设计的核心，产品为什么构成，状态如何，价值表现如何，都是围绕人机关系做出的具体评价，设计表现也自然回归到这些基本点上。通过符号特征

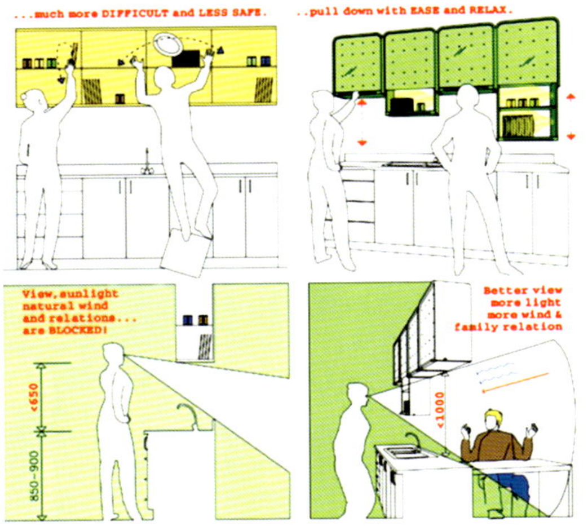

图2－28 厨房人机分析

图2－29 吸尘器

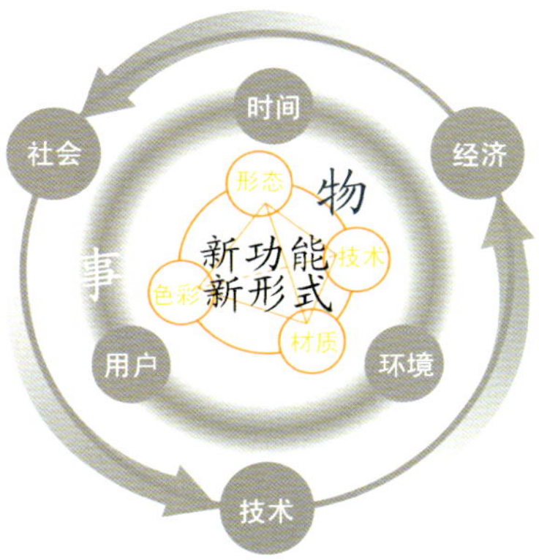

图2－30 产品微观系统环境

引导操作，创造良好的视觉认知效果和操作引导效果。根据人的肢体尺度和形态特征，创造舒适的接触面。基于人的肌体静止和运动尺度，创造舒适的使用与运动空间。（图2-28,图2-29）

从以上分析可以发现，对产品的构成要素分析，关注产品与用户之间的心理的、社会的、文化的连贯性，成为人与象征环境的连接者，反映了消费群体的关系。而产品的意义表现分析则更关注在设计、生产、销售、使用全过程中物质、技术、文化之间的关系，反映了产品与企业、产品与竞争对手、产品与社会之间的关系。这一层面的设计目标是创造满足新需求，具有新功能、新形式的新产品。（图2-30）

第三节 产品系统要素分析

3.1 从物的设计到关系的设计

设计是一种创造行为，是创造一种更为合理的生存（使用）方式。设计一旦被囿于一种物的设计活动，设计师的创造力就会被这个物的概念和抽象所束缚。在体验经济、服务经济、信息经济的时代，更多的设计是在创造生活方式，而不仅仅是物本身。

星巴克调动了全部的感觉因素：古朴的意大利风格的室内环境，现代的家具，加压咖啡机发出的嗞嗞声，冒着蒸汽散发着浓香的咖啡。所有这一切都是被精心地组织在一起的。人们在清晨或午后走进这里，在视觉、听觉、嗅觉与味觉的共同召唤下，坐下来细细品尝不同口味的咖啡，这样的过程给人以丰富的心理体验。原本很平常的提神解渴过程变成了一种丰富的、有意义的经历，给乏味而冗长的一天工作带来短暂的乐趣与享受。设计不仅仅是对室内、产品（咖啡口味）等有形物质的创造，而且创造了一种体验，咖啡只是一种载体。而正是通过咖啡这种载体，星巴克把一种独特的格调传送给顾客。咖啡的消费很大程度上是一种感性的文化层次上的消费。文化的沟通需要的就是咖啡店所营造的环境文化能够感染顾客，并形成良好的互动体验。物是道具，顾客是主角，顾客的心理体验是最终的目的。（图2-31）

图2-31　星巴克

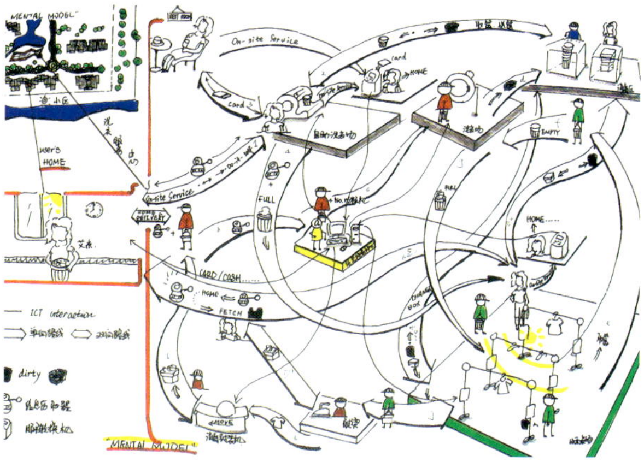

图2-32　洗衣系统分析

瑞典的电器生产商Electronics设计了为公共洗衣房使用的洗衣机。不仅如此，他们还在各个社区建立了连锁洗衣房，洗衣房里设立了儿童活动区、咖啡室，提供棋牌。这样，家长可以陪孩子玩耍，邻里、街坊在公共洗衣房内娱乐、沟通，原本无聊的洗衣等待变成了有意思的社交时光，增进了人与人的情感交流。这样的设计不仅仅是在设计物——洗衣机，而且是在设计洗衣过程，带给人乐趣、享受。（图2-32）

设计是在编辑一幕一幕生活的戏剧。设计过程中应该想到：是谁、在什么样的时间空间内、要做什么、为什么要做、会怎样去做、会有什么样的感受。当要设计燃气灶的时候，想到的是家庭主妇忙碌的身影，厨房狭窄的空间，凌乱的锅碗瓢盆和油盐酱醋，抽油烟机和洗菜池；想到主妇如何擦去溅落在灶上的油污，如何用油腻而光滑的手指捏住旋钮去调整火候的大小……。物只是各种关系之中的道具，目的是为了让生活更顺畅、更有趣、更合情、更合理、更有意义。

在关系场中，不仅仅是人与物之间，在生活方式的内部诸元素之间，都存在着复杂的关系：物是人目的的投射和人行为的对象，人的行为蕴含了意义，人与物进行了信息交换，行为被空间所限定，空间与物要和谐，意义沿时间流动，过去的行为会成为现在的习惯，往事成为现在的意义来源……其中的任何一个元素都是因为与其他元素的关系才被确定下来的。关系既是被选择者又是选择者，既是施动者又是受动者。同样的道理，此物被确定下来也是因为它与人、时间、空间、行为、信息与意义的关系才被确定的。

3.2　微观关系与宏观关系

产品的微观关系是在具体的情境内所涉及到的各元素间的关系，理解人是如何感知外部世界，如何与外部世界互动，如何被外部世界所影响，从中发现问题，为细节设计提供依据。仔细地分析习以为常的行为、每天都发生的小事，并从中发现问题，提出改进，提出更合理的方式。如为喜欢水上运动（如帆板运动、冲浪滑板）的人群设计的照相机就考虑了他们的行为方式。（图2-33）

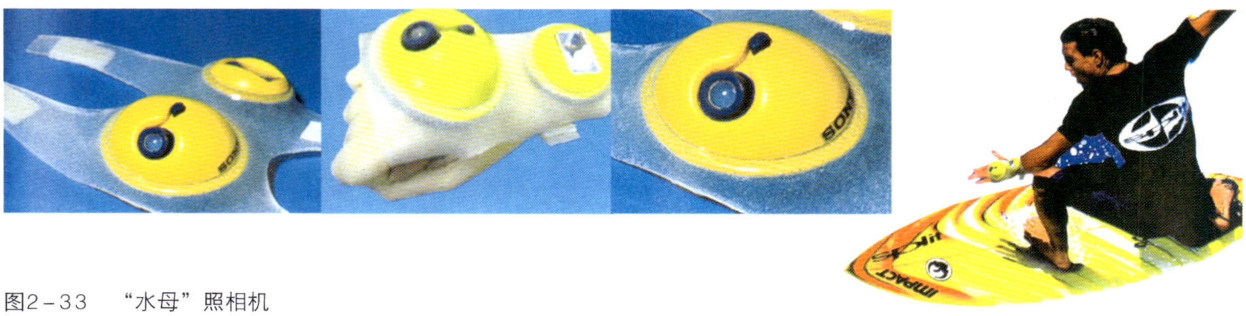

图2-33　“水母”照相机

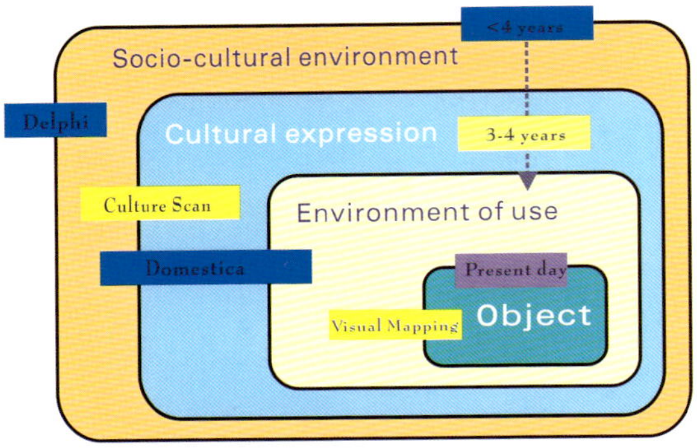

图2－34　产品宏观环境

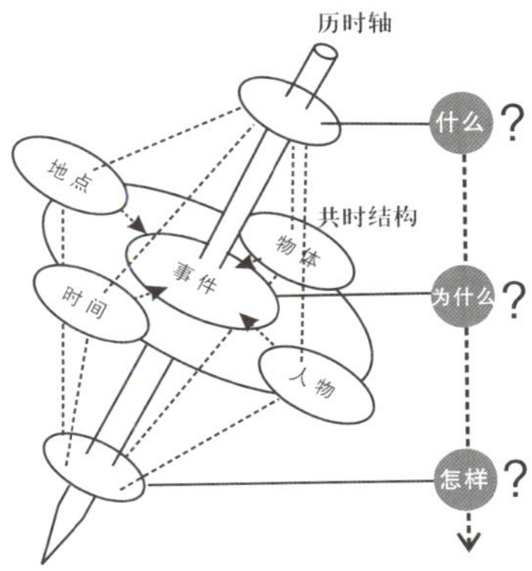

图2－35　关系框架图

宏观层次的关系是针对具体问题的外部因素展开研究，整合人文社科的有关知识去理解用户及其在特定的关系里的目的、需求与情理，从而为设计提供知识资源。通过对宏观关系的研究，吸取其他学科的知识并将这些知识运用到具体的设计研究中。针对某一个具体问题展开的关系研究，总会或多或少地增加设计师对人、事、物的理解。这样，每一次研究的结果就不仅仅为设计提供了依据和知识资源，也同时增加了设计的知识总量。因此，宏观关系系统研究是一个生产知识的过程，生产的是关于设计的知识。（图2–34）

宏观与微观并没有一个明显的界限，对微观的关系研究有机地累积起来就成为了宏观的关系系统，也就是生活形态。

3.3　产品系统分析的结构

产品系统是一个关系场，特定的人在特定的时间、空间内与物或他人发生着行为互动与信息交换，从而实现其目的、情感与价值等意义丛。因此，在设计中需要把产品放在特定的关系场，包含时间、空间、人、物、行为、信息、意义等要素中去考察。（图2–35）

（1）时间与空间

时间与空间是产品系统存在的两个纬度，是生活发生的背景。客观性的时间是生活方式发生的背景，但在生活方式的结构里，时间并不是一个点，而是包含着过去与未来的统一体。只有在这个统一体内，才能把握生活方式的真正意义。任何事情都是在过去—现在—未来的时间流中才具有确定意义的。

在时间的“context”中，设计的本质是发现过去，塑造未来。如果设计师不理解、认识和尊重传统、习惯、风俗、文化、历史、记忆、经验这些曾经有过的过去，则失败是难免的。

空间亦非仅仅是生活方式发生的物理场所。茶馆、饭店、剧院、公园、商场、办公室、车站、广场、教堂，空间被人有目的地赋予了功能、形式与意义。在不同的空间里上演不同的人间戏剧。人们的角色、行为亦被空间塑造。空间与其说是个物理的场域，还不如说是心理、社会的场域。在生活方式结构中，空间有着超越其物理层面的意义。特定的人物、布景、道具、氛围构成了不同的空间，人们的行为亦被空间规范。人们需要在空间与行为之间找到适合的关系。

（2）人与物

物泛指人为事物，包括有形的人工物，也包括信息、服务等无形的、非物质的人工产品。

在生活方式的结构中人是核心。文化、社会、历史等大的概念都集中体现在具体的、微观的人身上。因此，人也应该是具体的，是男性还是女性，是老人、青年还是儿童，从事什么职业，受什么样的教育，经济状况如何，分属哪个社会阶层，社会角色、身份与地位如何，地域文化内化了怎样的观念与思维习惯，等等，这些都是具体人的属性。只有确定了这些具体的内容，才能更准确地明白他（她）是谁，他（她）是怎样生活的，他（她）的需求是什么。

图2-36　苹果手机

图2-37　灯具

以人为本的设计成为主流思想。应该考虑与人相关的所有因素——生理的、心理的、社会的、文化的等等，这些因素影响人与其外部世界的互动关系，揭示人类的需求与愿望，而这些需求与愿望的实现则是通过设计师对产品、信息、服务及系统的设计来完成的。（图2-36）

人有多个侧面，多个层次，分属不同的群体，在不同的情境下有不同的身份、角色、需求。人既是无限开放的，又是变化莫测和永恒矛盾的。多学科的分类丰富了对人的不同侧面理解，但也割裂了人的整体性。在设计的视阈内，只有融汇各学科对人的解释性知识，在具体的问题情景内去发现系统的、综合的、整体性的人，去了解人们如何想象、理解与应用外部事物，才能真正、有效地创造人性化的事物。

（3）行为与信息

在生活方式的结构中，行为与信息是联结人与物、人与外部环境之间的纽带。从产品设计的角度看，人的行为主要吸取认知心理学的信息加工理论与人本主义关于人类行为的解释。信息加工认知心理学强调人脑中已有的知识和知识结构对人的行为和当前的认知活动的决定作用。认知心理学家提出一种激活的图式（或模型）指导知觉的理论，认为当人进行知觉活动时，作为外部世界内化了的有关知识单元或心理结构的图式会被激活，使人产生内部知觉期望，以指导感觉器官有目的地搜寻和接受外部环境输入的特殊信息。也就是说，只是在环境信息与个体所具有的图式有关或适合进入人这种图式的意义上，环境信息才是有意义的。

Donald A Norman分析了行为的七个步骤：目标、行动意图、一系列内部指令、行为执行、感知外部世界的状态变化、解释被感知到的变化、评估解释。假设坐在摇椅上读书，天色渐暗（外部世界变化），觉得需要更多的光亮（目标：更多光亮）。这样目标就被转换为一个意图——打开电灯。命令自己移动身体，站起来走近电源开关，伸出手指按下开关（执行行为系列）。然后判定房间是否显得更亮了一些（感觉外部世界的状态变化）。如果是把它转义为灯正常工作，最后评估就实现了最初目标。如果不是，将寻找灯不正常工作的原因——是否停电或灯泡坏了等。由此可见，行为不仅仅是狭隘的、看得见的“动作”，还应该包括在人的大脑中发生的那些内部思维的操作，那也是行为的一部分，而且是最重要的部分。看不见的内部操作决定了看得见的外部动作。（图2-37）

如果在认知心理学的信息加工理论框架内解释上述

过程，就会发现“信息”在其中的作用。首先，“天色渐暗”的外部“信息”被人的“感受器”所感知；处理器将感受到的信息符号化为“缺少亮度”的内部指称；然后从记忆中提取“亮度缺乏”与“开灯”之间的对应关系；然后命令效应器做出行为；然后再次感知关于亮度的“信息”，以决定下一步行为。开灯与缺乏亮度之间的对应关系是后天习得的，是以前操作性知识的存储。内、外两个世界不断地进行着信息的交换，这样的结构就解释了人与外部环境之间的“信息交换”的关系本质。

在情感性行为以及习惯性（或韦伯所说的传统性行为）行为中，人的目的性在意识之外，可能处于一时冲动或习以为常的状态。这两种类型下的生活方式特别应该被设计关注并加以研究。一是研究非理性背后的规律，现在的情感设计、体验设计都重视情感性因素的诉求。此外，设计还要发现理所当然背后的社会与文化的逻辑，发现日常生活细节背后的规律，然后利用规律去创造合理的新事物。（图2-38）

每个人都是一个复杂、开放的系统，是一个知识、记忆与幻想的综合体。在日常生活中，沿时间轴从眼前流动而过的外部世界是一系列人、物、事件、话语、行为、意义等。意识里的世界与环境中的世界每时每刻都进行着信息的交换，进而进行着适应性的选择、决策、行动。

行为影响、改变外部世界，外部环境世界通过信息进入人的意识世界。人们正是通过行为互动与信息交流才与物、他人或外部环境发生特定关系的。

（4）意义

意义指主体意识下行为的原因与目的。开灯行为的原因是光线暗淡，而目的是获得光亮以便继续读书，那么开灯这件事的意义就包括了原因动机与目的动机两个部分。光线暗淡在事之前，而继续读书在事之后，原因动机吸引着过去，目的动机投向未来。这两个部分在一起，就是这件事发生的意义。人们能够看到开灯的动作，但在动作之前与之后，则是看不见的、人的意识中的意义内容。（图2-39）

在生活中主体意识沿时间流动，意义随之产生。这样的意识还会在反思关注中产生情感与价值的判断。如果今天能很顺利地坐公交车到达了工作地点，那么就会产生愉悦的情感，对交通系统就会有一个非常正面的价值判断。如果开始使用一个微波炉，而复杂的操作信息使人迷惑，那么就会在边试错边抱怨中行事，并判断这是一个坏的设计。

图2-38　索尼儿童收音机

图2-39　逍客

第四节 产品系统的分析与定义

4.1 产品系统分析的特征

（1）关系而非元素

要理解产品系统，就应该绕到具体事物之后，考察它的外部关系。要想调查一个人就应去询问他的亲属、朋友、师长以及一切与他有关系的人。要创造物，就要去观察物所在的关系场——什么人、什么时间空间、什么行为、什么目的、什么情感与价值等等。

产品系统分析更关注各因素之间的关系。时间、空间、人、物、情境等外部因素之间有着复杂而有机的关系。工艺、材料、成本、造型、技术等内部因素之间也存在着关系。外部因素与内部因素之间同样存在着关联性互动。复杂性范式下的系统论告诉我们，世界是个普遍联系的世界，系统因关系的众多、关系的不确定（随机耦合）而复杂。决定事物属性的因素更多地来自于关系，而不是元素。（图2-40）

决定物应该如何的更多的是特定关系，而不是元素。产品系统是一个关系系统，内部元素之间相互影响，因此，需要整体地把握诸因素之间的关系。

（2）过程而非状态

当你走进星巴克咖啡店，维瓦尔第的音乐混着蒸汽咖啡机的嗞嗞声回响在耳边，浓浓的咖啡香气在空气中飘荡。叫一杯卡布奇诺，侍者熟练的操作如同表演。坐在角落的沙发上，随手拿起旁边的一份杂志，轻轻啜饮一口，放松、愉悦填满了心头。星巴克提供的是什么？是咖啡、沙发、杂志还是音乐或空间？其实它提供的是过程，享受的也是过程。过程中的任何元素都进入到了感觉系统，造成了美好体验，而人们对星巴克的认知记忆也是由视觉、听觉、嗅觉等符号共同承载的。设计就是动态地组织各种元素，让人在行事的过程中得到满足。

人的日常生活是连续不断的，意识在时间轴与空间场中流动。状态只是一个点，是意义的碎片。产品系统就是动态地把握过程中诸因素的关系。

（3）理解而非解释

量化的调查研究显示，市场上的85%的人喜欢蓝色的商用电脑，于是我们也把电脑设计成蓝色。这样的做法似乎很符合因果逻辑，但设计不该仅仅停留在这个层次上。另一种办法是，通过与白领人士的沟通，发现蓝色与电脑的结合使人确信深邃的、可靠的技术存在。这反映了

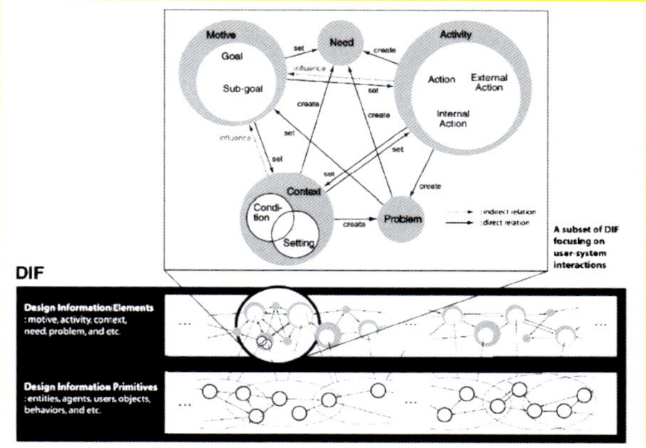

图2-40 设计信息关系

图2-41（左） 电脑

图2-42（右） 儿童玩具

蓝色在与电脑、办公环境、白领人士的结合中产生的价值体现。IBM的黑色、APPLE的透明彩色所反映的都是人的价值体系。

设计需要沿用社会科学的理解原则去找寻人们行为背后的意义与情感、价值与象征系统，而无须自然科学的因果规律。产品系统研究的目的就是为了理解特定人在不同时间环境下不同的行为与意义系统。（图2-41）

（4）主体间性而非主体性

一千个人眼中就有一千个哈姆雷特，这就是说人们对同样的事物有不同的看法。一件产品、一个招贴、一尊雕塑，有人认为现代，也有人认为古典；有人觉得优雅，有人觉得粗俗。人都是主观的，所以韦伯说每个人看到的都是心中之物。设计是为了目标人群——用户创造事物，那就该把价值判断的权利让渡给用户，而不是把设计师自己的标准强加给别人。设计师有创造的权利，但选择与价值判断的权利在用户。设计的主体性应向设计师与用户之间的主体间性转移。（图2-42）

总之，产品系统研究特点是动态的、多元的。事物本身就是一个动态的系统，内部各元素之间的关系时常处于变化状态。人不同、时间空间不同，都会有不同的事件发生，事件背后的目的、动机、情理亦不同。

4.2 产品系统分析与定位

（1）以集成手法组织系统要素

产品系统设计的要求是在统合所有设计要素的基础上进行分类整理，从而发现和提取设计要点。产品系统设计涉及到社会观念、审美潮流、生活方式、人为需求、企业战略、品牌发展等宏观要素以及技术 、材料、工艺、结构性形式等微观要素。基于不同设计项目所涉及到的设计要素的区别，对于要素的整理方式与标准会有所不同。（图2-43，2-44）

产品系统集成主要体现在硬、软质两个方面。硬质集成内容是物质实体的技术、材料、功能、结构等，软质集成内容是意识状态、观念、方式、感知等，把两大内容交融汇聚于一个共同的构成目标，以定性的具体物质形式固定下来。硬、软两大内容的区分并不意味着彼此分离或

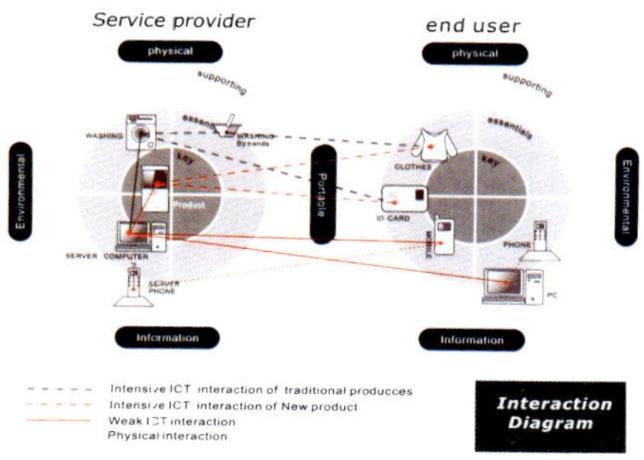

图2－43　洗衣系统分析1

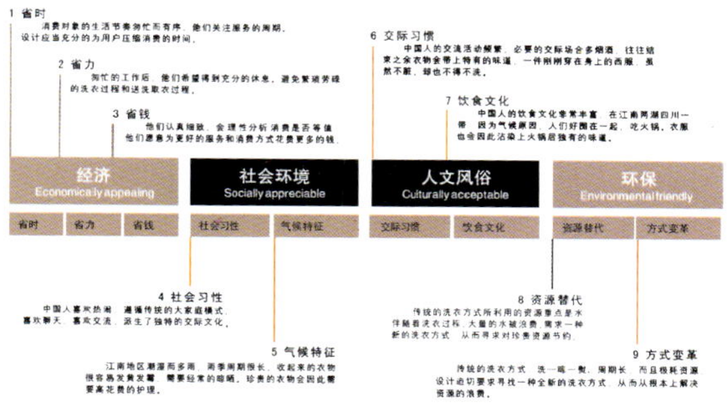

图2－44　洗衣系统分析2

从两条线上简单交融，而是作为两大型制的归类，以两条主思路为鲜明依据形成交融平台。集成手法主要体现在：最广泛地罗列两大方面内容；编制层层递进的集成网；在交融中创造主题内容和表现形式；形成跨越式的产品系统构成。

最广泛地罗列两大方面的内容，要从社会现行状态的最大面上挖掘，这其中表现出知识面和社会渗透的能力。如针对家用一体化厨房，系统集成涉及的面要比一个微波炉的设计面更广。这一工作是奠定产品系统设计的基本思考点。（图2-45）

编制层层递进的集成网，是产品系统设计的核心进程。把罗列的各项内容整合排列，以递进的方式分析出上下派生连接的具体内容，至下一直分析出各项具体元素，至上一直探寻到交叉形成的终极主题内容，以网络状态的集成内容结构分层理顺产品系统构成关系，逐渐提炼出基于社会各项基本内容状态的核心问题。家用一体化厨房的内容展开，最终形成的产品系统构成不是现有厨房单体产品的叠加组合，而是社会元素概念上的整合开发。

图2-45　整体厨房

在交融中创造主体内容和表现形式，是基于全新的产品系统结构分析，提炼出产品构造表现的新内容。把硬、软两类内容尽量包罗其中，列出概念设计中应考虑的各项元素。（表2-2）

通过上述所有过程，形成跨越式的产品系统构成，集个性科学技术成果的应用转化，把产品系统的每层内容推到社会发展最前沿进行提升，新的技术、材料、加工工艺核心的观念、思潮、审美流、人文思想等交融，结果必然是超越所有产品现状的跨越。从上述家用一体化厨房的几个集成可以明显地看出，每一过程的集成就是设计思路和表现内容的跨越，避免了仅以线条、造型、色彩、结构等设计元素单纯形式化的表现，从产品系统结构的成因、作用关系、合成目标上探究产品综合形态，在设计运作中真正体现出系统性设计的优点。（图2-46，图2-47）

表2-2　整体厨房系统设计构成

物质形态	布局定位	家庭成员、经济收入、居住面积、地理位置
	储　藏	鲜食、冷食、熟食、餐具、调料、干料
	加　工	热、蒸、炒、煲、配、洗
	保　障	排污、通风、消毒、温度、照明
	控　制	电、水、火、风、气
观念形态	成员因素	性别、年龄、职业、文化、偏好、民族、生活规律、行为习惯
	社会因素	区域特点、审美导向、伦理观念
	交流因素	时尚观念、社会地位、交友结构

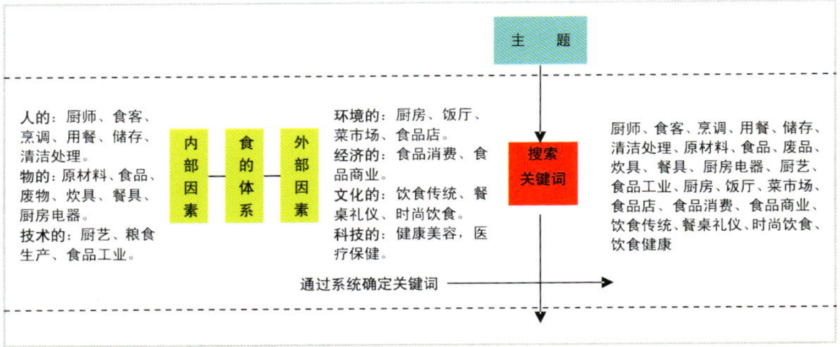

图2-46（左上） 整体厨房设计分析

图2-47（左下） 整体厨房表现内容

图2-48（右下） 空调系统定义

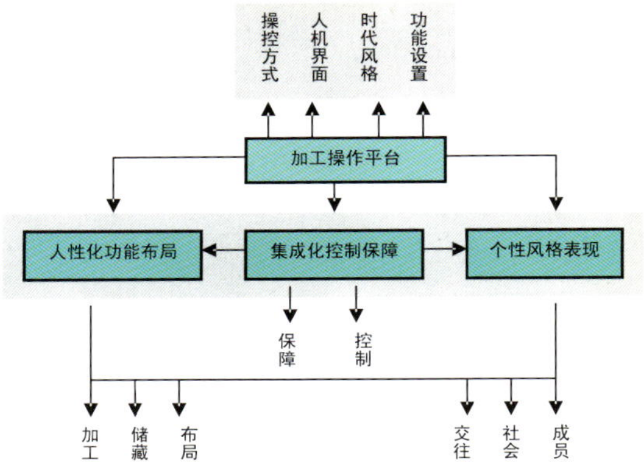

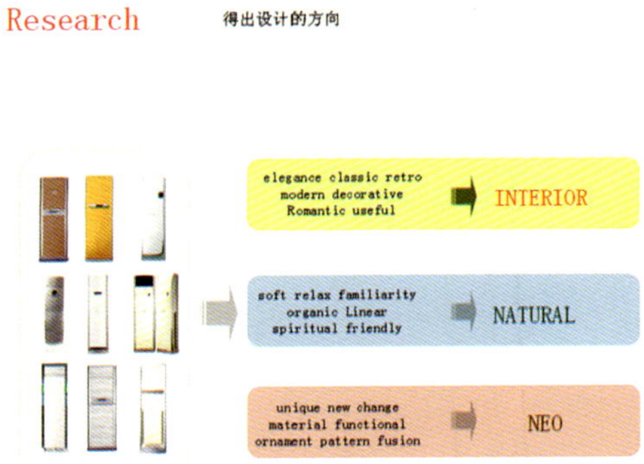

（2）系统目标的定义

通过系统分析，最重要的是确定系统目标和作业要求。系统目标和作业要求一般是在一起进行定义。系统目标是一个抽象概念的定义，而作业要求是目标在具体内容上的定义。

系统目标一般用抽象、概括的文字来叙述，比如设计“不同城市办公室进行交流的方式”，系统目标定义应着重说明目标的内容和性质，而不能把实现目标也包括在目标定义里。例如，设计“一个水杯”就对目标的实现进行了定义，正确的定义应该是设计“一个供人饮水的方法或装置”。显然，水杯的设计说法限制了设计思路，并使目标可能出现偏差，比如水杯除了饮水作业外，还有其他作用，这可能改变系统目标。

在定义系统目标的基础上，应该进一步定义系统的作业要求。系统的作业要求是指系统实现目标必须要做什么。比如对于“不同城市办公室进行交流的方式”目标的作业要求就应该包括传递在城市之间的声音和图像信息、连接500间办公室等。从这个例子可以看出，系统作业要求应该包括系统要做什么、做的标准是什么和如何进行测量。

与直接实现的系统目标相对应，系统作业要求还包括实现目标的限制因素，比如使用人群的限制、技术限制等。人的因素限制主要包括两方面：系统的使用者和用户作业需求。通过对系统可能使用者的特性、生理、心理和社会等各方面的因素进行分析，可以明确谁是系统的可能使用者。对于用户作业需求，可以通过观察用户行为和研究作业过程来进行分析。在系统完成后，还可以研究用户使用系统的情况，进一步确定使用者及其作业需求。

系统定义开始于系统方案的产生。设计师应该在系统目标和作业要求的基础上进行系统方案设计。这里的系统方案是一个抽象的方案，主要是解决问题的方案，而不是最后的产品。系统方案设计过程需要设计师的创造性活动。系统方案是基于系统目标和作业要求的，不是凭空产生的。只有真正明确系统目标和用户的要求，才可能制定出好的设计方案来。一般说来，设计是一个多方案选择的过程，制定系统方案也应该是多方面的。一些研究发现，一些设计师，甚至是有经验的设计师，也可能先设想一个设计，然后再去拼凑一个系统目标。这样的设计事实上是用目标来适应设计，限制了优秀设计的产生。同时，由于设计师没有真正了解用户，设计出来的方案很可能与用户的特点与需求不一致，甚至会对用户造成损害。（图2–48，图2–49）

系统定义是对系统功能进行定义。系统必须完成自己的功能任务，才能实现系统目标。功能可能是瞬间的（比如开和关某个设备），也可能是长时间的（比如保存信息）；同样，功能可能很简单，也可能很复杂。在系统定义时，应该避免在功能定义阶段对功能进行分配，只定义功能是什么，而不定义如何实现功能，特别不能把功能分配给人、硬件和软件。比如，一个移动通讯系统的基本功能应该包括语音信息传递和接受图片或文字信息的传递或接收等（图2–50）。再如，一个信件投递系统的功能应该包括信件收集、分检、运送和投递等。为了更好地进行系统定义，通常可以采用功能流程图来描述功能和功能之间的关系。在此阶段，还应该收集和整理使用者的一些情况，进一步定义用户。（图2–51）

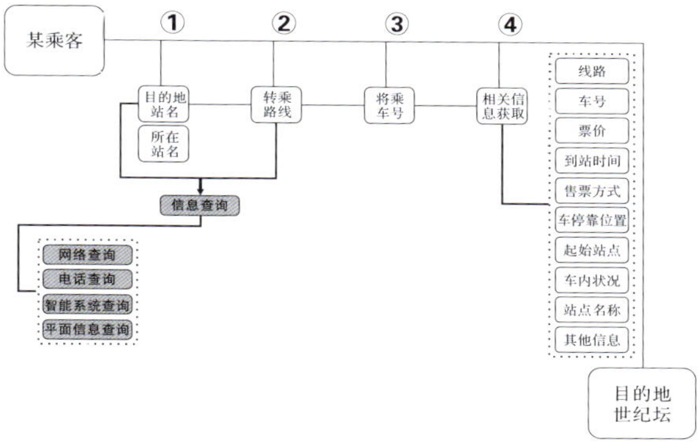

图2–49　北京公交信息服务系统设计分析

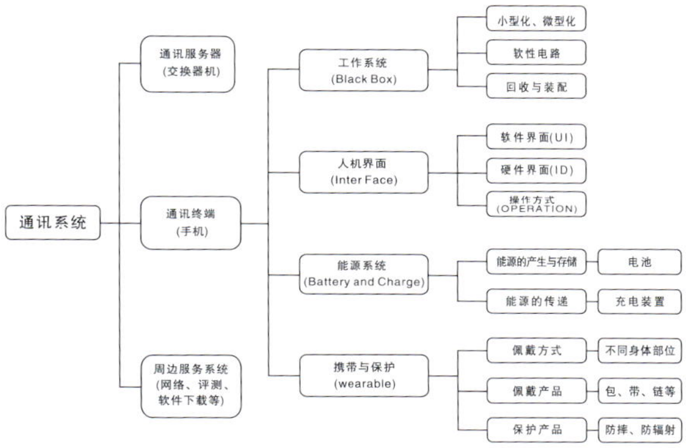

图2–50　通讯系统定义

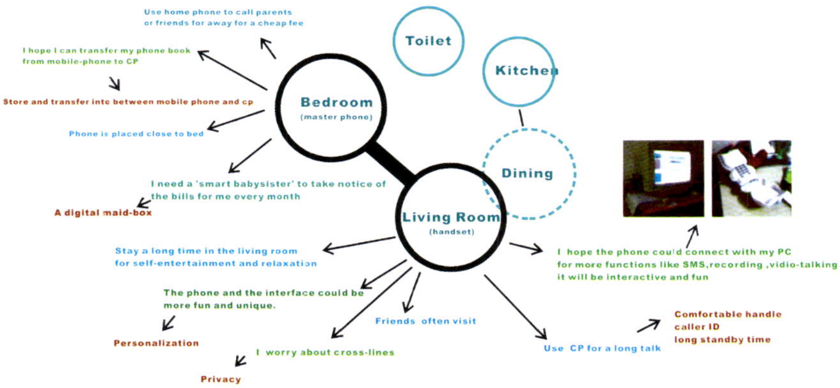

图2–51　中国家庭通讯产品分析

第三章 基于产品品牌的系统设计

第一节 产品形象系统的构成

产品进入传播时代，由于消费者需求的不断提升，企业需要提高自身能力以满足消费者更高价值层面的需求。在这种情况下企业必须要有一套体系来适应这种激烈的竞争。

要创造一个完整的品牌体系并不容易，面临着许多的问题。品牌的传播除需要核心的产品、品牌形象外，还要配以相应的服务、终端等。消费者越来越要求在品牌、产品、传播、终端和服务之间找到一致性。

每个全球领先的企业都在运用有形和无形的手段如技术、管理或设计的力量来维护自己的品牌形象，突出彼此间的个性差异。从系统层面对产品进行统一化设计是为了建立统一的自身形象，从而在市场上和竞争品牌之间形成一定的识别差异。作为完整的产品形象是与企业理念、品牌观念等相关的理念识别层面相关，在其指导下的产品由综合外在表现层面所构成。（图3-1）

1.1 理念识别层面

产品理念识别主要是指产品向消费者提供的核心价值或传达的主要信息，包括产品中所包含的企业理念、精神、远景、文化及品牌的观念，以及设计中所坚持的概念、心理和意识形态等。产品理念层面是产品所体现的核心价值，即企业想给消费者什么样的价值或理念，并且通过这种理念的传递来提升产品的形象。产品理念是整个产品形象系统的核心和原则性标准，为企业的最高决策层所关心，是产品形象的基本精神，归属于思想文化的层面。

图3-1（左） 产品形象的总体构成

图3-2（右） PHILIPS产品

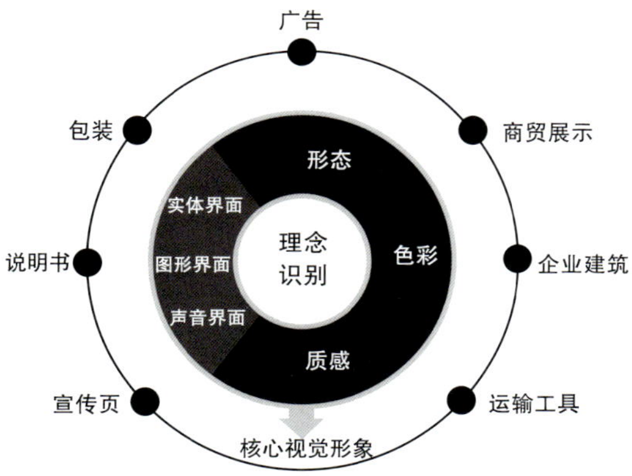

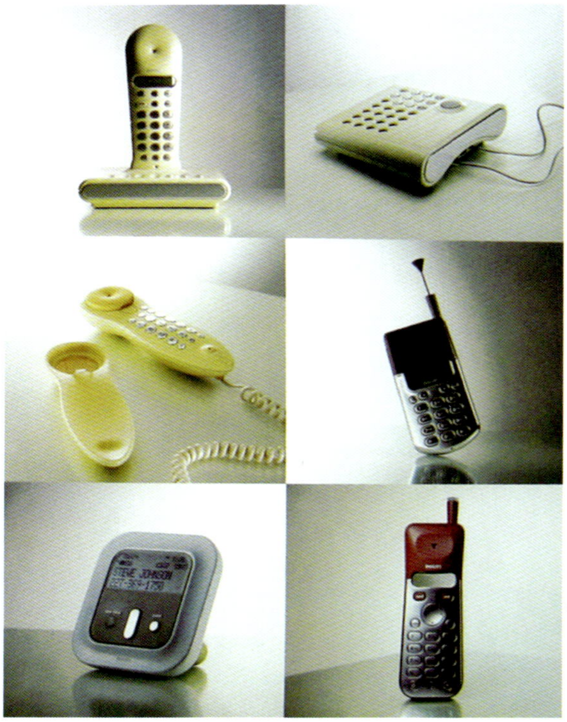

以理念为基础的产品形象系统具有丰富的象征内涵，使产品在审美、使用功能、质量、品牌、服务、展示等许多方面超越美学或实体的概念，具有特殊的意义。

PHILIPS公司作为一家综合性的电器公司，其产品横跨家电、照明、医疗、通信等各产业，始终以“人”为核心理念，了解人的需求，观察人的行为，研究人的心理，感受人的情绪。这使得PHILIPS的产品不仅满足了人们的物质功能的需要，而且很好地满足了人们对精神功能的需要，形成了特有的人性化的产品形象。（图3-2）

在当今这个纷繁复杂而且竞争激烈的世界，人们都渴望寻求一种精神上的慰藉和宁静。日本的MUJI公司提出“无印良品”的产品理念正好满足了人们的这种心理需求。“无印良品”原意本是“摒弃过多装饰和累赘功能，简约而返璞归真的优良产品”，但在这里MUJI公司向消费者传达的已不仅是物质化的产品理念，更重要的是传达一种非物质化的生活理念、一种生活方式。（图3-3 ）

产品形象系统研究不能孤立地进行，必须与企业政策和经营战略一致，符合整体的经济效益原则。所以需要在充分理解企业整体战略和技术发展趋势的基础上，做出相应的产品形象规划与设计。产品形象理念层面中的企业价值观在整个项目中起到引领的作用，对企业形象、产品形象、设计理念都有决定性的影响，对产品视觉形象的形成、传播、发展、演进起着持续指导作用。

1.2 视觉识别层面

产品视觉层面作为产品理念的外在表象，是消费者认知和了解内在理念的必要途径。

（1）产品形态

形态的概念不同于单向孤立的形状，它是无数面向形状的综合体，是产品所呈现的整体视觉形象。产品形态首先是为了表达产品的功能和性能特征，发挥材料和结构的特点，显示出内在技术的合理性。内在本质因素（功能、结构、组织等）是外在形态发挥作用的条件。形态是产品功能的合理存在，但并非一种功能只有一种形态，基于同一种功能的形态表达是丰富多彩的。（图3-4）

形态也是传达意义的载体。企业和设计师通过对产品形态的创造，把自己对产品功能、操作、情感、品牌甚至企业形象的认识和想法都融入其中，表达出产品的时代

图3-3（左） 无印良品

图3-4（右） B&O产品

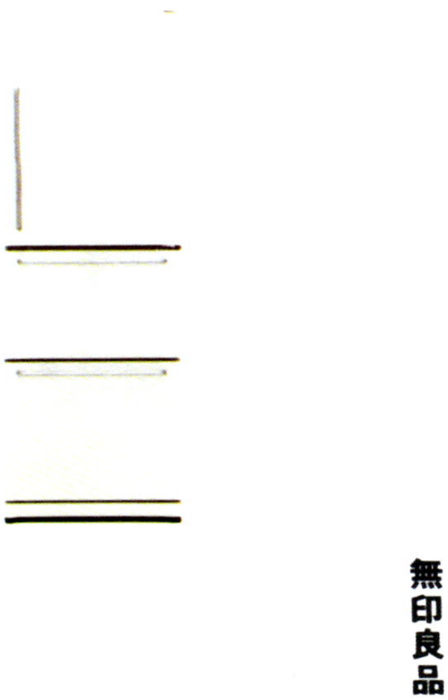

图3-5（左） 甲克虫汽车的色彩

图3-6（右） IBM移动电话

感、价值感、可信赖感，使得产品的形态成为一种表达内在理念和意义的有效无言手段。

产品形态综合反映出来的性格，必须和产品形象的理念层面所要传达的价值观念、品牌理念等保持一致，并且还要保持一定的识别性和延续性，才能让消费者在形态和品牌间发生联想。

（2）产品色彩

与形态一样，色彩也是最具有视觉传达能力的要素。在有些情况下，人们对产品视觉形象的感知，色彩可能还先于形态。恰当的色彩，将会与形态糅为一体，满足人们的审美要求，在第一时间抓住眼神，并且创造出强烈的产品印象，带来使用的乐趣。

色彩不仅能够理性地传达某种信息，更重要的是它以特有的魅力激发起人们的情感反应，达到影响人、感染人和使人容易接受的目的。不同的色彩或组合，传达了不同的理念、情绪、感觉和价值观，或清新雅致，或高贵凝重；或欢快活泼，或忧郁伤感。

产品色彩在设计中常常用来表达一定的象征意义，或表示产品的属性（功能、形态、材质），或与产品的形象相适应，或体现企业的品质，或以色彩表示工作环境和生活环境的舒适性，或以同一色系适用于纵横系列中的产品群。（图3-5）

在通过色彩强化产品形象方面，IBM公司做得非常成功。一贯以黑色为主色调，配上红绿蓝三原色的字母标志，形成了IBM特有的产品视觉形象。这种色彩搭配非常简单却又意味深长，黑色既代表稳重成熟和在IT界不可撼动的领袖地位，同时又体现了IBM产品的稳定性和高科技感。辅以倾斜的三原色字母标志，更加表达了IBM仍然是一个充满活力的品牌，并能不断地向消费者提供具有创新理念的产品。（图3-6）

（3）产品质感

质感包含了人的主观感觉，既有视觉方面的含义，也有触觉方面的含义，能更准确地表达材料加工与表面处理对消费者所起的作用。

不同的质感传达不同的产品理念。高光质感的产品可以满足人们喜欢炫耀的心理，比如汽车的外壳大都采用高光烤漆工艺来提升产品品质形象。磨砂质感的产品显得内敛而又品味，比如一些打火机的外壳质感。金属拉丝质感的产品能体现很强的高科技感，比如3C产品的面板常采用这种方式。透明和半透明质感的产品让人感觉有些前卫和偏女性化，比如许多年轻人喜欢购买透明彩壳的手机。有木纹质感的产品体现一种怀旧的风格，比如一些

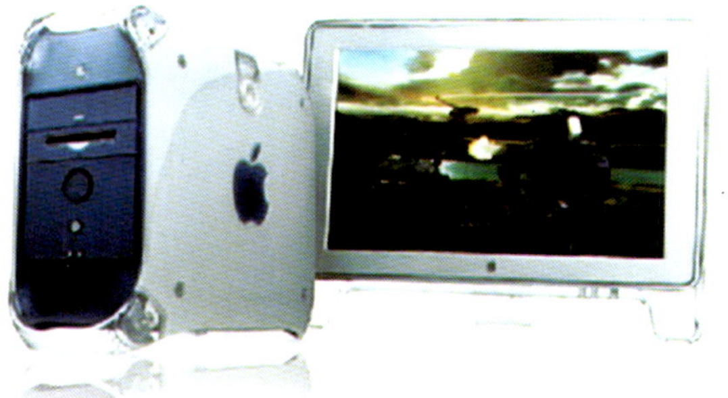

图3-7（左） B&O音响

图3-8（右） G4 cube 电脑

Hi-Fi音响刻意加上木纹镶板以增加历史厚重感。皮革质感的产品让人觉得其品味高档，特别是与金属质感的材料搭配使用时效果更明显。

通过产品质感来塑造或强化产品形象，关键在于把产品材料及处理所传达的感觉跟产品形象的理念结合起来。在理念策略的指导下合理地并且艺术性、创造性地使用材料，根据材料的性质、产品的功能和设计要求合理选择材料；或者追求材料之间的色彩、肌理、质地方面的和谐与对比，借助于质感来显露视觉形象的艺术美感；甚至突破材料运用的陈规，大胆使用新材料和新工艺，或者对传统材料赋予新的运用形式，创造出新的效果。

丹麦的B&O(Bang&Olufsen)公司作为电器行业的一个高端品牌，其产品一直是尊贵和品味的象征。为了保持这一形象，B&O公司在产品材质的选择上相当慎重，几乎所有产品材质都是金属加上深灰色的磨砂质感复合材料。这种组合既体现了产品的一贯的内敛性，又表达了产品耐用和保值的特点。Apple公司在1997年就推出彩色半透明质感iMac电脑。2000年发布的采用白色透明碳素纤维的G4 Cube电脑再次掀起业界的轰动。最近发布的PowerBook笔记本采用了带有荧光而且磨砂质感的白色铝镁合金作为外壳，iBook采用了表面做光亮处理的塑料材质（PE/聚碳酸酯），它们虽然在产品线中档次有别，但都保持了Apple公司产品一贯清新自然而又不失时尚的典雅形象。（图3-7，3-8）

第二节　产品的品牌形象

2.1　品牌与品牌产品

产品不仅仅是市场上流通的商品，还是用来进行传达沟通的物品。企业和消费者通过产品进行沟通。品牌作为商业社会的特殊现象，综合了社会、文化、市场的多种因素。品牌对消费者的影响已大大超越了产品本身，融合和影响了周围特定的人、物、事，这些都使得品牌成为一种综合性的特定社会文化。产品发展过程中沉淀下来的风格是品牌的特定精华，在有形和无形方面影响着产品的设计走向。就品牌而言，它试图赋予产品以生活的意义，设法给消费者创造真实的幻想，与此同时，它也给产品以独特的个性。（图3-9）

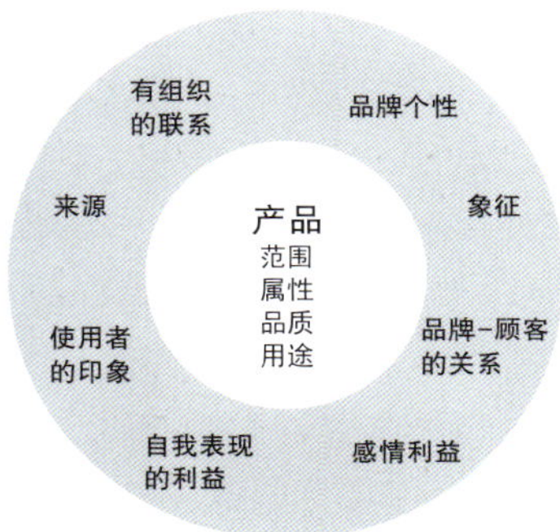

图3－9　品牌产品的构造

一个产品品牌的创造需要考虑产品的特点以及将产品的价值传达给目标市场。其中包括由美学和形象系统所表达的产品外观和造型；用户与产品的身体互动所需要的人机工程学要求；与产品心理互动的情感和影响力要求，以及通过技术和质量表达出来的功能、性能。在短期和长期的使用过程中，产品必须总能传达品牌价值。

消费者个人或群体在商品使用过程中，自然形成的对某一品牌的固定看法，称为品牌印象。品牌印象一般包括消费者对商品包装、内在质量、价格、售后服务等方面的看法。此外，产品的形态、色彩、使用等产品视觉表现也是品牌印象的组成部分，构筑起用来识别的个性特征。消费者在认知评价产品的性能、外观设计和效用等的同时，也在有意识地感受产品所反映出来的内在意义或价值，即品牌概念和在产品上表现的企业思想和个性。它可造成消费者对该品牌商品的购买行为的习惯性指向，从而形成一批稳定的品牌忠实购买者。（图3-10）

最初对于产品的印象、用户与产品的互动推动消费者短期的购买兴趣。而长期的舒适性、易用性、互动性和满意度则是打造品牌忠诚度的基础。产品的造型、正确的功能设置、初始的舒适性和对于技术的信心是消费者一开始所要寻找的产品属性。耐久性、灵活性、可靠性和服务是提升长期满意度的属性，也是所有产品的基本质量属性。价值机会影响用户在这两方面的满意度，对形成品牌效应十分重要。

图3-10　BMW Z4

图3-11　正负0公司产品

2.2　品牌产品的视觉形象

消费者从对某企业的产品风格的感性认识，因喜爱而购买，并为满足自己物质和精神的需要而感到自豪，到最终固定购买同一品牌风格的产品，逐渐成为该品牌的忠实信赖者。事实上，消费者就是认同了这种产品形象所代表的美学价值以及透过“产品形象风格”表现出的企业特有的文化内涵。所以，如果重视包括产品形象设计在内的各种要素的整合，就会逐步积累发展出一个有价值而且独具特色的品牌和品牌印象。（图3-11）

品牌产品的形象是消费者对产品与品牌的观念、联系、想法、判断、偏好和态度的组合体，是个人基于局部甚至不当的信息所形成的综合的主观的观点和看法。因此，在现实的市场竞争中，一个企业经由产品包括其他可能的渠道来向消费者传达有关产品、品牌及企业的信息，这些信息的整体效果会影响人们心目中产品形象的最终形成。如果这些信息不统一甚至相互干扰，那么就会对产品的品牌形象产生负面影响。因此，产品中感性形象持续一致的传达相当重要。（图3-12）

消费者对品牌的认知是一个持续诱导的过程，而引发这一过程的首先是来自视觉上的冲击。随后，被某种产品视觉形象所诱导的情感价值恰好迎合了实用价值与精神价值。可见品牌的认知与时间有关，消费者通过对产品形象认知的重复经验将最终长期地建立

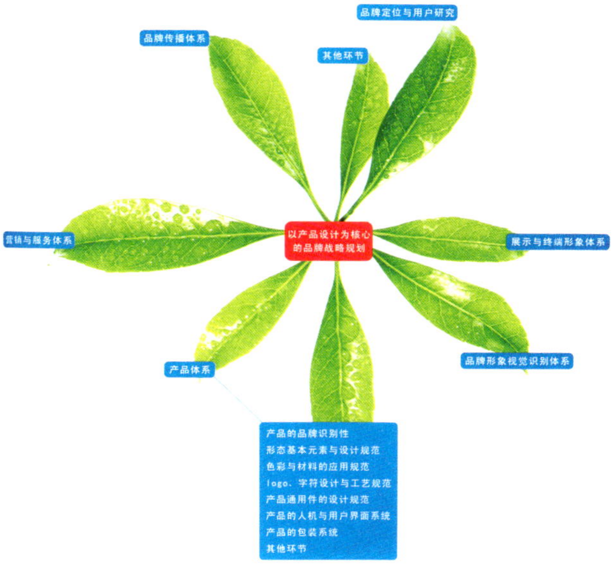

图3-12　以产品为核心的品牌规划体系

起这种认知。今天所看到的许多知名品牌都经历过不同寻常的发展历程。通过长期坚持不懈地发展，这些品牌的外在和内在风格渐趋统一，形成了鲜明独特的核心价值和附加价值，不仅满足消费者的使用需求，更体现其情感需求和价值取向，成为商业社会的新的图腾物。例如IBM、SONY、SIEMANS、标致等品牌就在全球市场中具有核心价值和独特形象的旗帜。

作为产品设计的重要影响因素，品牌与产品的各个要素都发生着内在和外在不同程度的关联，极大地影响产品的外在视觉语义的表达。同时，这种品牌特定的意义，也同样在产品周围的附属性设计中存在并反映出来，例如广告、包装、展示、服装、建筑，附属衍生的产品，形成整体的意义氛围。

产品形象是品牌和消费者沟通的方式，借着产品形象的语义，设计可以有效地传达品牌的价值。2002年浩汉公司为美国Sunbeam公司设计的Health-at-Home品牌旗舰产品蒸汽式加湿机，充分考虑到Health-at-Home品牌的信赖（Trust)、质量(Quality)、传统(Heritage)、家庭(Family)的品牌特征。（图3-13）

图3-13　Health-at-Home蒸汽式加湿机

图3-14　保时捷911

图3-15　菲亚特LINEA

图3-16　雷诺Avantime

图3-17　欧宝Astra

就产品设计而言，品牌属于产品的内涵性层面的语义，它往往依附于产品的有形因素，例如形态、功能、材料等，通过特定的产品语言加以表现。保时捷911传统的外观造型自1963年创建以来始终没有改变过，其流线型给人一种流动与快速的感觉，充满了驾驶运动的乐趣。相对而言，菲亚特LINEA的外观造型较为阳刚，因此给人以较稳重和耐用的感觉。至于用来娱乐的产品，看起来应该比较明亮和感觉愉快，例如雷诺和马特拉合作设计的Avantime。作为较严肃用途的产品则应具有沉静和效率的外观，例如欧宝Astra。这些都是汽车不同功能形象的表现。（图3-14，3-15，3-16，3-17）

在技术同质化的时代，由于同类产品缺乏差异，要求在视觉形象中凸显虚拟的品牌个性——即同类产品外形中的不同品牌识别。借助产品形象不仅能把产品本身的功能、价值表达出来，更能使之与竞争产品区分开来。产品形象的个性差异的持续有助于品牌形象的识别。APPLE公司喜欢利用大胆前卫和与时代不同的外观和色彩，来创造消费电子的新浪潮，它的产品形象代表3C产品的设计先锋。

对于手机、汽车等消费性产品，由于技术工艺日益发展的兼容性，设计日益成为一个具有决定性的部分，相当程度地影响品牌的识别问题。因此，企业的产品设计思维和创意方法，要从以前的“制造”产品系统拓展到现在的“传播”沟通系统，在产品形象的设计中，不断强化并提升产品的创新技术价值，同时传达其中有差异且持续一致的形象价值，这样产品在全球竞争才具有优势。研究产品形象识别，“策略性”地运用具体的设计要素，例如形体和线条的特征、色彩的区分、构造方式和使用方法的差异、材质的不同等等，可以帮助企业在充斥着相关类似产品的全球竞争市场中，树立独特、真实的产品形象或风格。

2.3　品牌形象系统的设计要求

产品设计中要传达出一定的形象个性或品牌理念，必须通过小到产品的各个组成要素，大到企业旗下的个性产品以及媒体广告、宣传资料等各种媒介来协调完成。

在认知运作中，强调利用连续的主要事件来触发消费者理解该公司欲传达的完整事件，以显示形象的一贯性。同样道理，利用产品设计的各个侧面不断强化关于品牌产品的某些特定属性和感觉，从而产生某种熟识和经验，将有助于消费者迅速而正确地理解品牌产品所传达的完整信息，并由不同且相关的意义侧面构成品牌产品的感性形象。这其中主要包括品牌系列产品的统一和品牌衍生产品的统一两方面的内容。

（1）品牌系列产品的统一

通常把相互关联的成组、成套的产品称作为系列产品。大致有成套系列、单元系列。成套系列是由多种独立的功能产品组成的一个产品系统，如厨房空间的各种成套系列产品。单元系列是指单元产品之间具有某种相关性而依存关系构成的完整产品系列。

从视觉传达的过程及结果来看，任何一次产品形象的传播所留下的印象都是短暂的。所以，产品的品牌形象不是在短期内或者经过一两次传播就可以形成的。它需要一个较长的持续刺激过程，通过一些相似的东西持续刺激来不断加深同一形象，使消费者对其形成较为固定的印象。（图3-18，3-19，3-20）

图3-18（左上） LG产品系列

图3-19（右上） philips系统电子产品

图3-20（右下） 儿童餐具系列

因此，品牌旗下各产品视觉形象个性的相似或延续，有助于品牌形象个性的塑造。产品的形象应注重与企业原产品的设计相延续，保留或延续其原产品外观的某些设计元素。只有将这些抽象的不可视的品牌概念通过形态、色彩、材料等视觉化，将概念转化成为某种产品的造型要素，例如一类相似的风格或某些固定的细节等，从抽象到具体，并且不断重复强调或进行共性化处理，才能使产品延续一个统一的视觉形象。尽管每次诉求的侧重点不同，但消费者认知的信息却是一致的。因此，充分利用每项产品的统一特点，提高产品在市场上的竞争力，不仅可以带动销售，扩展市场，而且可以在消费者心中树立一个一致的品牌，一个能被消费者认知、记忆、推崇的形象。

（2）品牌衍生产品的统一

品牌衍生产品需要使其与主品牌保持一致的家族血统关系。在差异化的品牌特征下，移植到品牌衍生品生产，可以建立一个完整的品牌家族体系。

并不是任何一个品牌都能进行品牌的衍生，只有当这一品牌成长到足够强大，拥有一定数量的品牌文化追随者时才有可能成功地在市场上去扩大它的产品家族。而这时的产品或许与已有产品相关，或许是一个全新的产品领域。大多的品牌衍生产品会集中在礼品、随身物、纪念品等一些外显产品方面。

一些非产品性的品牌，如奥运会、世界杯、电影《星球大战》以及“可口可乐”等，只要品牌号召力足够大，都会有衍生产品推出。关键是这些衍生产品必须能让人们体验到足够的品牌文化。

宝马家族最为显著的品牌识别标志是车前脸处的双肾形进气格栅，一分为二的造型在不同时代的车型中一直沿用，成为了宝马家族性标志。宝马极具动感的侧面形象也是重要的品牌识别之一，即使停在那里也能够感觉到一种向前冲的动感。最新的宝马系列车身的线条处理，可以看到面与面的衔接处理是一种极具雕塑感与动感的反折线，会让人联想起古根海姆博物馆的设计语言。在宝马强大的品牌体系下，宝马开发了几个系列的品牌衍生产品体系：宝马高尔夫系列、帆船系列、F1车队系列等，在这些衍生产品中可以体验到宝马品牌的一致风格与理念，这些都是通过具体的产品细节得以实现，包括表面形态设计

图3-21　宝马系列汽车

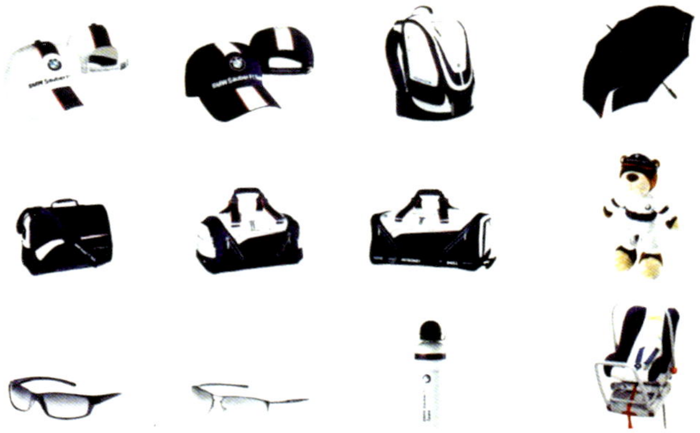

图3-22　宝马F1车队系列衍生产品

图3-23　宝马MINI产品

图3-24　宝马MINI衍生产品

宝马MINI轿车的品牌衍生产品

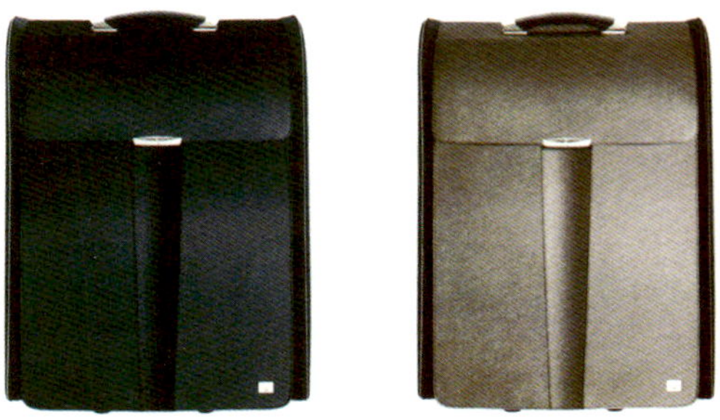

宝马的生活形态品牌衍生产品

图3-25　宝马MINI品牌与宝马品牌衍生产品比较

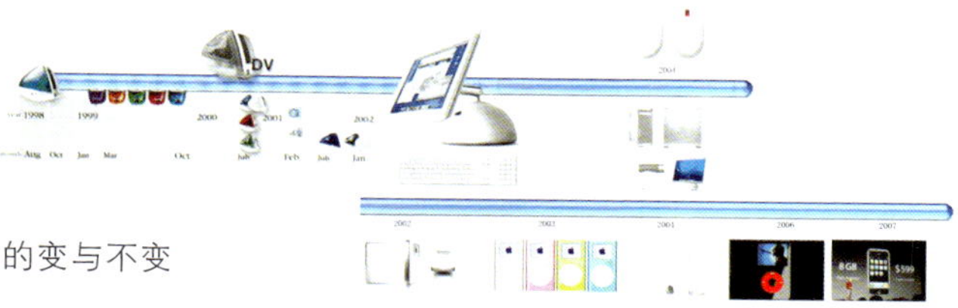

图3－26　苹果品牌产品的变与不变

语言、严格的色彩管理、同一品牌家族下应对不同目标消费群的产品体系的差异化细分等。（图3-21，3-22）

宝马集团下属的MINI最重要的品牌识别特征在于它的优雅复古风格。抛光质感的金属构件镶嵌于车身四周。MINI的色彩搭配也非常丰富，既可以选择车身与车顶同色，也可以选择不同色，并且大多数是对比强烈的高纯度色彩，黑色窗围与白顶是其中经典配色之一。在车身形态上主要以规则的圆形与饱和的曲线为主，像是一个可爱的宠物。这些与宝马车传达给人的信息非常不同。（图3-23，3-24，3-25）

（3）品牌产品形象的变或不变

心理学者曾强调，人们心理深处的价值观是超越时空而恒久不变的。但是，在人们的意识深处，却也存在着期待变化的一面。“不求逆转但求变化”。（图3-26）

富村满在《CI经营战略》一书中就指出，产品形象中“不变”的要素和造型处理手法能够促进信用的形成。经过严密思考和精心设计的变化有时不仅能戏剧般地创造出比不变还要大的信用，而且还创造出个性。当然这种情况的变化，不能是无方向、肆意和无序的，而应该具有一定的幅度和方向，与某种设想相协调。

从广义的层面来看这样的变化，可以说还是不变。所以要对“不变”动态地加以考虑，而不是静态、固定地考虑，这样才能有效避开落后的风险。就诺基亚人性化的形象——“科技以人为本”而言，产品的设计要素，包括形态、色彩、细节、材质等在不同的时期（或地区）都有不同动态的差异，可能是时尚的缤纷色彩，或者磨砂的材质，或者镀铬的操作按钮，而细腻有节制的形体曲线和简洁的基本形态却是持续变化的，并且每次又能在元素上找到一些新的结合点。（图3-27，3-28）

消费者对意义和形象的载体——产品，看重的是信用和个性在持续中的变化。如果新推出的产品形象在设计和感觉的偏好性方面出现剧烈的变化，就会使消费者脱离过去一直使用并习惯了的产品，造成他们偏好上的混乱，并影响他们对品牌甚至企业的信任。

虽然产品形象在实行设计的指导路线和原则方面的规定很多，但在具体时期对产品理念和策略的理解，以及转化为具体产品形象的过程中，必须动态有弹性地加以对待。而动态的不变要有一定幅度的方向性和持续性。产品形象的持续性是塑造品牌产品形象的基本原则。

因此，要处理好两个方面的矛盾，一方面追求变化和个性，另一方面在消费者的意识中又实现某种“相像”，以及包容了变化的继续和稳定。要实现这种产品形象的持续和个性识别，就必须了解产品视觉形象的特点，协调形态、比例、色调等的“变”和“不变”的关系。

产品形象的设计如何做到既不伤害既有消费者的品牌忠诚度，又能适应新的潮流风格，对新的消费者产生吸引力，值得思考。需要始终从发展的角度来看产品视觉形象的变化与不变。产品视觉形象的创造也许不难，但持续保持这种形象，并且能随市场变化作出适当的改变则需要进行细致的规划。

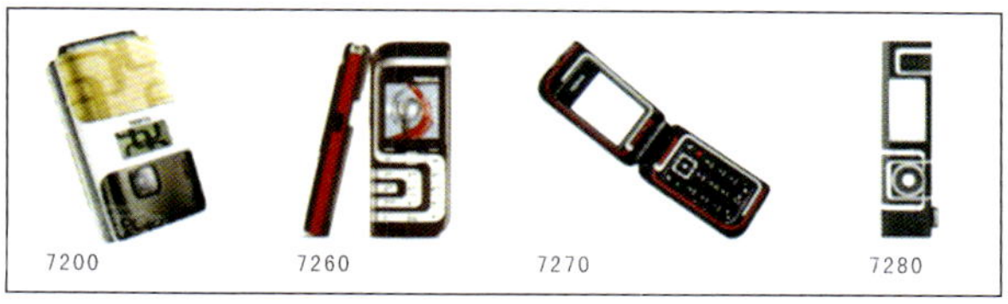

图3－27　诺基亚72系列产品图

图3－28　LG产品图谱

2.4 品牌设计的价值观

企业理念识别涉及的因素很多，但就产品形象设计而言，其中最重要的是它的设计价值观，它很大程度上影响着企业的产品形象。英国设计委员会设计与创新主管克里夫·格瑞亚在《为国际化价值而设计》一文中就提到，目前全球基本有三种不同的设计观，即价值观念的输出者、价值观念的收集者和文化的输出者。

所谓价值观念的输出者，指企业自身在长期的发展中，有着坚定强硬的理念原则和价值取向，不为时间、市场、地域变化而发生改变，其产品在形象上有着典型的视觉特征。它们多数属于汽车行业，例如美洲虎、哈雷戴维斯、克莱斯勒、老雪铁龙等。有的则把这些理念价值潜藏于产品的内部，例如B&O、沃尔沃、TAG Mclaren、西门子、奥迪、苹果等，力求在产品使用的文化上加以表现，讲究材料的简单、设计的工程性能，或者强调安全、准确、单纯、易用，在世界任何地方都强调自己的感觉。（图3-29）

价值观念的收集者，指企业重视的不是自己的感觉而是了解人们的感觉，因此它们会在世界各地设立设计中心，聘请设计顾问来帮助进行产品设计。例如三星、SONY、Ford、LG等，这些企业非常重视收集信息和关注全球各地消费者价值观念的变化，并及时反馈给自己的设计师进行相应的设计，重视功能性、消费者性别、时尚和使用性等因素，其中设计师就是各地文化行为的传感器。（图3-30）

文化的输出者，主要是指国际性设计公司和设计工作室以及设计顾问们，他们所做的杰出设计扮演着文化影响的角色。例如IDEO、Fitch、Ziba、大众公司等，它们总是创造截然不同的、吸引人的设计文化，将前瞻性的观点和国际化的视野结合起来，然后嫁接给那些需要的企业及委托人。

第三节　产品形象系统设计

3.1 明确品牌理念

在产品形象的设计中，注重企业的品牌概念和价值观，始终保持清晰的设计思想和明确的设计方向，并且在保持内在理念一致的情况下进行设计的转换和创新，比起那些形象经常转变甚至彻底转变的设计要难得多。

连续一贯的企业理念，并不在于创造某种新概念本身，而在于如何整理某种现有的思想，使之成为清晰的体

图3-29（左）　奥迪汽车

图3-30（右）　IDEO公司产品

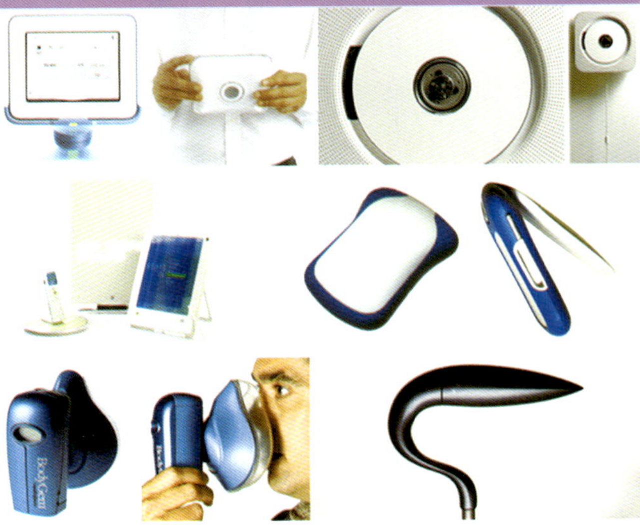

系并最终实现共同的语言。所以在形成企业理念识别过程中，产品形象设计要特别强调整合和形成自我的部分，在确定意义目标后，对理念等虚体和视觉设计等实体进行调整。图3-31是LG公司围绕核心目标有序地设定其理念和策略的框架。

企业面临的内部和外部环境总是会随着时间和市场的变化而变化。因此要在企业原有主流思想的基础上，正确理解企业的理念思想，整合企业的各种理念，找出企业自身与其他企业在理念上的差异，了解自身产品的优势与不足，进而重新规划产品发展战略和品牌战略。明确企业的价值观、设计竞争策略，以恰当的视觉语言传达形象理念，增强理念在传播过程中的沟通力。（图3-32）

这些形成的理念主要是一些语言描述方面，例如伊莱克斯强调它是知识领先、善于创新的企业，是一个知识性、现代化、和谐并富于变化的品牌，通过追求那些能够创造和增强品牌忠诚度而又有创意的想法，来实现伊莱克斯“创新而可靠的设计，便捷而舒适”的企业目标。

作为整合产品形象以及企业形象识别系统的原动力，理念识别一旦确定，清晰化为某些简练的文字并被认同，就会辐射到企业运行的全过程，影响企业内部的设计策略、运作程序以及选择和评价的标准，并用各种表达方式从各个方向对企业品牌下的每一个产品的视觉形象实施类标准化的影响。最后，经由组织化、系统化、统一化的产品形象的视觉识别传达出企业的信息，进而在消费者意识中，塑造出独特、合理、清晰的个性化理念形象，最终使企业产品形象表征系统得以优化。

当Braun公司成立时，就设立超前的目标：既确保能维持人性完整，又尊重人性。清晰、诚实、保持事物的自然性。这个前卫理念仍然是Braun的重要部分。Braun公司50年的设计创新，以永不妥协的品质、技术、设计以及不断的产品创新为经营理念，以明确、简单与平衡的线条为设计宗旨。正是这种清晰的理念最后形成了Braun强烈的功能主义形象。（图3-33）

企业产品的理念识别是产品形象的内核。它只是一种抽象的规定和限制，将它逐步通过视觉形象加以表现需要一个中间过程，即把理念通过适当的步骤以正确、具体、可操作的方式表现出来。这个过程也是产品形象策略的设计过程，需要设计师细致关注企业产品周围的具体信息，进行适当的评估和预测。结合市场策略，整合和规划产品的视觉形象个性，为其后的视觉表现提供一系列完整而切实可行的标准，具体指导设计师最终的视觉表现。

由于设计的原则和路线比较精要简单，因而对于具体的设计项目而言，为了进一步规范和明确形象的特色，还需要周详地制定具体的执行细则，对概念作出解释，对产品形象的各个方面如形态、色彩、材质、标志等应该注意的地方提出具体的建议。此外，还要明确列出什么“是”或者“不是”该产品、品牌的特色，并用适当的文字或图片加以说明。例如Siemens的设计原则就强调必须从功能开始，清晰无误地传达信息，是现代的、高性能技术的，而不是艺术的、新奇的或充斥着技术而无个性的。

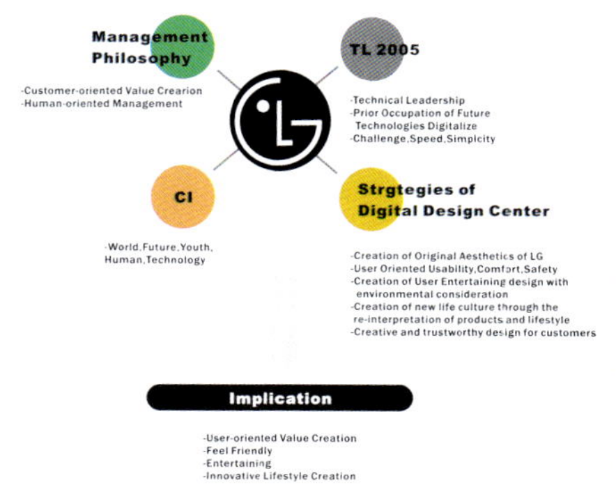

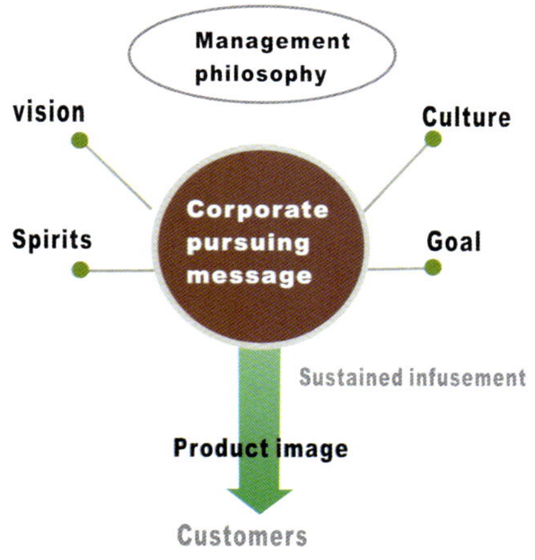

图3-31（左） LG形象关键信息的结构

图3-32（右） LG产品形象的哲学中的理念

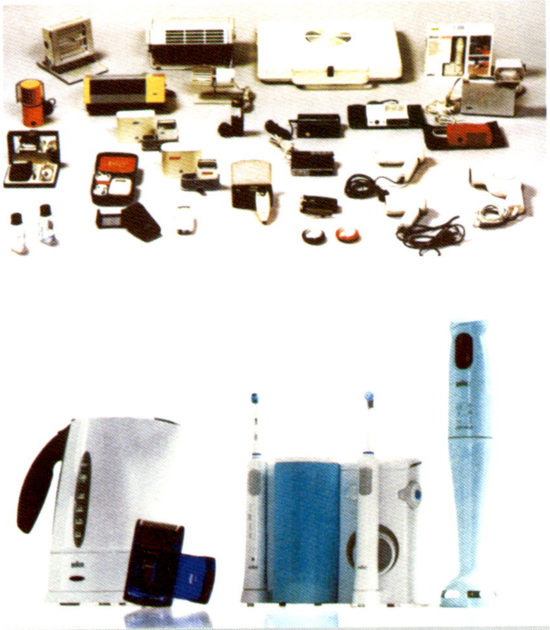

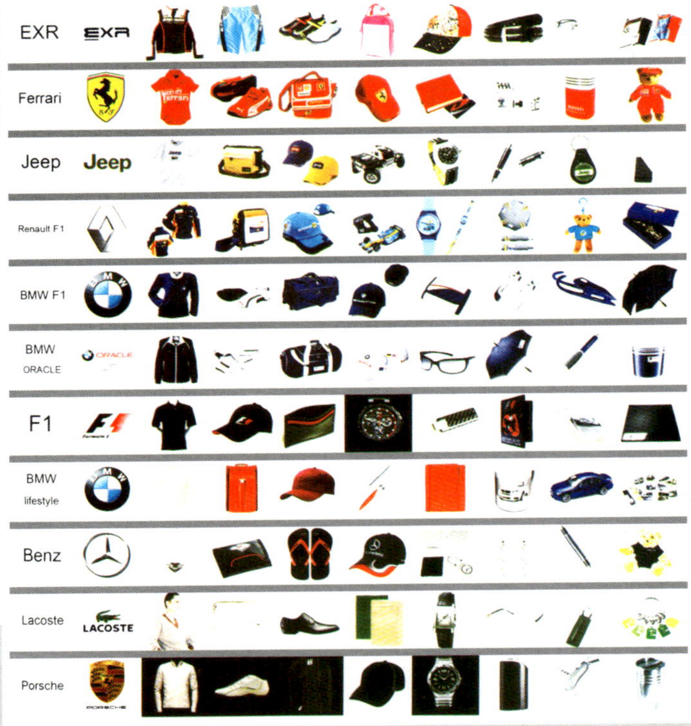

图3-33（左上） 博朗的产品

图3-34（右上） F1品牌授权产品的市场竞争品牌

图3-35 B&O产品形象调查

3.2 调查产品形象相关因素

产品形象的理念是基本保持稳定不变的，但是产品形象却在不断的动态调整中持续发展。这种形象调整的动力主要来自于外界市场的变化，因此要充分重视与产品形象有关的多方面调查，其中包括对主要竞争对手的产品调查，对消费者生活、行为的观察，对社会流行时尚的了解，对技术发展的趋势掌握，以及对产品未来发展远景的判断等。这些看似辅助性的基础工作，却对后面的产品形象的营造和推广有直接的影响。

（1）主要竞争对手的调查

企业研发新产品，首先要做到“知己知彼”，才能“百战不殆”。因此，要尽可能地运用多种手段和途径，了解市场的大致形态、区隔和发展走向，掌握市场上竞争的同类企业现有和未来的品牌、产品和技术，比较自身产品与竞争产品在各个方面的相同点和差异点，发现潜在的用户和市场需求，这些都有助于企业了解自己的产品与其他企业的同类产品间竞争的重点，并且把握相关产品的市场发展倾向，从而逐渐明确自己的形象特色所在，了解自己产品形象变化的新的必要性和可能性。（图3-34）

（2）产品形象的调查与比较

产品形象调查是调查研究中的重点，有助于企业清楚地了解自身产品形象所处的具体位置。需要调查产品形象的历史沿革以及产品在市场上的定位。每个企业所关注的重点具有较大差异，需要认清企业自身发展的脉络以及每次变革所带来的产品形象的变化，需要了解这种变化是怎样适应社会、企业的发展的。需要调查的另一个方面是企业在市场中形象的地位与区隔，在全市场、消费者中所处的位置以及发展方向。（图3-35，3-36）

图3-36　F1赛事的背景分析

在具体的操作中，要针对具体的情况和背景采取适当的方式进行，企业可以通过内部团队或者委托外部专业市场调研公司进行，可以选择从点到面展开，规模可大可小。产品语意差异法（Semantic differential method）是一种相当有效的工具。在进行产品形象的语意差异调查时，首先要决定具体的产品范畴。由于对具体产品形象的评价受到形态、色彩或材料等多方面因素的影响，而每项产品在形态、色彩或材料等方面的侧重点又各不相同，因此在开始阶段，要广泛收集一定数量的各种近期产品，这可以通过店家、厂商、网络、产品手册和书报杂志等各种途径获得。然后从中选择出品牌、形象最具代表性的产品，和自己的产品一起作为调查的样本。

此外，由于感性形容词集中代表了消费者对具体产品的感觉，因此，设计师要同时通过与消费者或销售人员的访谈，或从时尚、生活类杂志中收集这些反映偏好的感性形容词进行筛选。最后精简到最有代表性和最能充分代表消费者对产品感觉的词汇，并组成意义相反的形容词对，和前面选出的产品样本一起组成问卷。通过语意等级的确定来体现产品在此类语意感觉中的相对位置。

在构建了语意的尺度后，邀请消费者、销售人员或其他人员用这些语意尺度对产品进行评价，然后对得到的数据借助SPSS软件运用因素分析等方法进行分析，从而获知产品不同的形象风格的相对评价。

（3）社会流行时尚调查

对于产品形象而言，需要随社会的发展、潮流的变化，对全球各地如纽约、伦敦、巴黎、米兰、上海、北京等重要的指标性地域城市的消费者进行观察和了解，关注和理解新出现并引发潮流的产品、服装或其他艺术，及时掌握未来流行的风格、线性、色彩和材料等，与全球做前瞻性的流行预测机构合作，充分了解对该产品形象的影

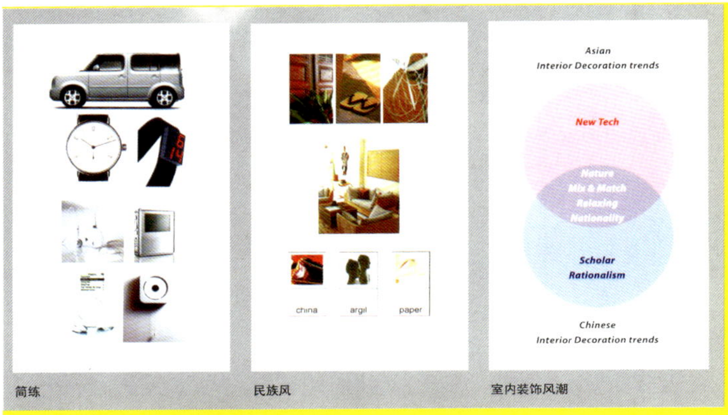

图3-37（左） 设计潮流趋势

图3-38（左下） 社会流行调查图板

图3-39（右下） Xelibri移动电话西门子

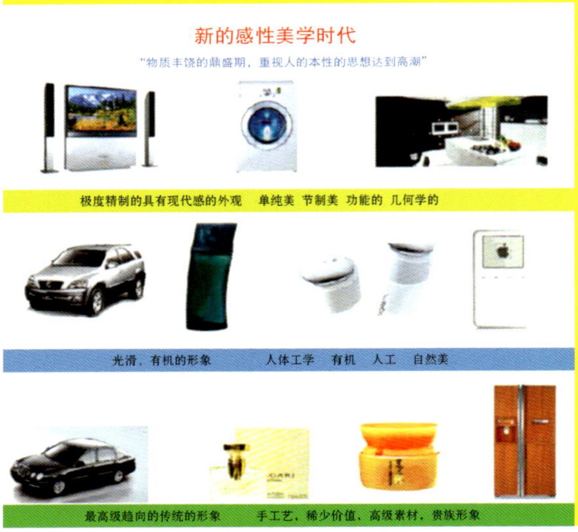

响，或由此获得新的灵感和变化方向。设计师通过对其中反映的流行形象符号进行适当的分析，有助于很好地理解和掌握时下和未来的流行焦点。（图3-37，3-38）

例如，IDEO公司在为西门子旗下的XELIBRI时尚品牌设计新手机时，就通过对特定消费群的时尚焦点、生活行为、背包、包带、服装、首饰等时尚行为细节与手机的潜在关系，明确其核心是科技的可穿戴化，设计了一系列特定的手机产品。强化了XELIBRI作为时尚品牌的产品形象。（图3-39）

这种调查可以通过时尚图片的罗列和比较来进行，从中筛选出特定的相关图片，进行坐标等图表分析。这种分析不应把过程和结论仅仅停留在文字等语言的范畴，而应该通过与直观的视觉语言相结合来进行分析。

（4）目标消费群体生活形态分析

在以用户为中心的设计理念下，品牌产品的发展离不开对目标消费人群的跟踪与调查，对其生活形态进行分析有利于明确品牌产品的发展目标。如下是F1品牌授权产品目标消费人群（活力族）的生活形态（图3-40）：

生活形态：喜欢HipHop、哈韩哈日、卡拉OK、逛街、滑板、改装赛车、头文字D、QQ、音乐、网络/电脑游戏、动感地带、Snapshot、像素艺术，收集徽章和手机饰物、追求危险刺激、贪新厌旧、新奇、出位张扬、武侠英雄主义、对街头流行和同伴的装扮十分敏感、受网络广告和明星推介的影响。

基本状况：16-22岁青少年，大部分是在校学生，常常变换着装和其他随身物品。

喜爱品牌：Mcdonalds、Pepsi、Adidas、Nike、Vas、NBA、索爱、Channal V、M-Zone、G-shock、Cross。

设计风格：新奇的材料、新奇的图案、闪亮、色彩鲜艳、混搭、Bling-bling、炫耀、感官刺激、融入潮流、音乐和运动元素。

喜欢F1的原因：一个成为耀眼明星的出位机会。

由于在后面的章节中对消费者有更深入分析，在此就不展开介绍了。

图3-40　F1品牌授权产品的目标消费群生活形态

3.3 理解产品形象概念

当外部调查与研究完成后，目光需要投向企业产品本身。理解产品形象概念需要把握产品品牌理念与产品形象的关系，即产品品牌如何影响产品形象，在此基础上来理解与分析产品的设计语言与设计细节。（图3-41）

在前面讨论的基础上，以企业自身的理念为指导，由设计主管形成若干指导性的方针、路线及策略，来定义产品的视觉形象，为后面的视觉表现提供一系列完全而可行的标准。这是一个概念明确的过程，明确肯定地设定若干有关产品形象的关键信息和关键词汇，以清晰的文字描述和图表出现，对品牌定义、产品形象的设计概念进行精心的描述和定位，确定未来的风格走向。产品形象的设计概念可以通过若干文字和相关图片细节相结合，以视觉化的方式呈现出来，这一系列语言和非语言性的视觉要素相当直观，可以直接规定和指导产品形象和品牌的特征在视觉、听觉、使用界面、心理感受和理解等方面的设计表现，并保证各方面的协调一致。（图3-42）

富士通一西门子电脑类系列产品的设计语言通过以下六种特性来体现：有秩序感的、具备可靠性的、统一的、延续性的、可扩展性的、简洁性的。最终体现一种掌控信息时代的力量。（图3-43）

图3-41　设计原型在ROSSI作品中的运用

图3-42　B&O形象分析

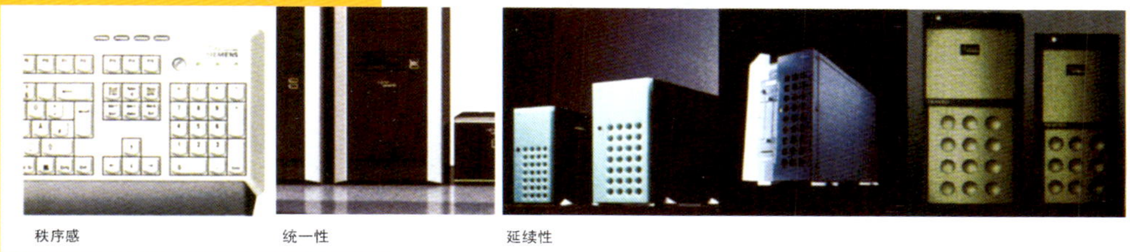

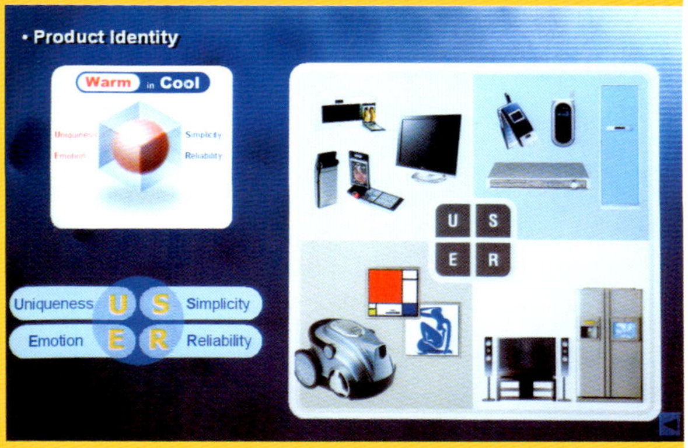

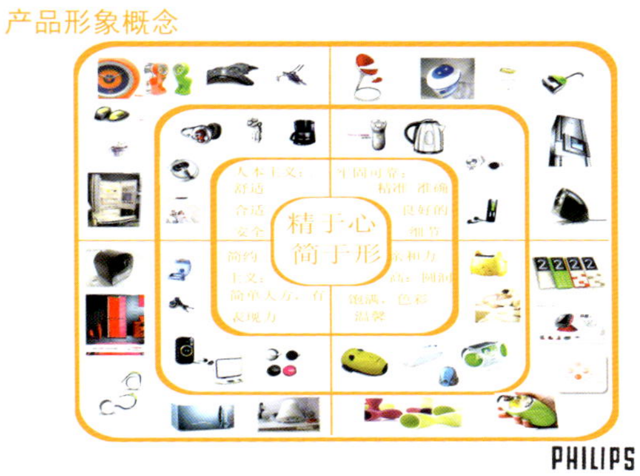

图3-43（上） 富士通-西门子电脑类系列特点

图3-44（中） LG设计语言视觉参考图

图3-45（下） PHILIPS设计语言视觉参考图

3.4 设计语言的视觉参考

设定设计概念风格特征后，还需要由此确定产品形象具体的视觉参考体系。它以一种超越文本和关键词的方式，将概念以集中的视觉细节加以具体化，直观地影响着设计师对设计方向的把握和评估。视觉语言参考体系的建立，可以是一系列相关的产品、建筑、环境，也可以是时装、生活等图片和实物，甚至可以是音乐，用这些相当形象化的风格语言和形式来具体说明前面的形象概念和应该体现的特征。通用汽车设计中心就有类似的品牌风格工作室，陈列着各种与通用品牌汽车形象相关的各种图片，以确保设计师在具体设计中能够更好地理解概念，朝着适当且合理的方向前行。这其中虽然有一些细节可资参考，设计师可以在此基础上作适当的个性发挥，但其还是属于大的概念层面上的东西。针对不同的市场和消费者，企业有对应的设计策略，常常会设计若干相应的产品系列，而不同的产品系列在概念指引下也会有不同的视觉表现和特色，在可认知的一致性前提下保持着适当的差异。（图3-44，3-45）

例如HP公司就为其产品设定和展示特定的视觉语言，意在指导设计师或设计组织创造容易识别的HP产品——直觉上简单，有助于加强HP的核心价值，完整、持久、独创。同样，IBM也通过与自身形象相关的视觉语言的展示，如重点强调纯粹的几何图形，突出其简洁、高雅和人性化的产品形象。同理，在运动型产品的设计过程中，应当适当收集与运动相关的设计元素，如拉链、运动帽、运动产品等作为产品形象语言的参考。

3.5 品牌特征归纳与品牌的形象系统设计

当产品品牌的相关研究完成后，就可以进行品牌产品特征的总结与归纳。例如B&O产品就归纳为：功能、造型、材质最终体现为用户的体验；集约化、整体化；随时随地的享受；多种选择；充分利用科技而不为其所困，通过设计使技术产生更大价值。可以看出，B&O的产品造型，并非简单的某个派别或者其他简单的美学风格的附属品，而是建立在其品牌价值、公司目标以及产品的各个细节上。要把握B&O的产品形象系统，最重要的是理解产品产生的思路：从生活中寻找产品的概念和灵感，然后以精益求精的态度和简洁人性化的方法使其得以实现。

完成了一系列的调查与研究，最后就是根据设计者的理解，提出产品形象设计的方法与路径，完成品牌产品的系统性设计。（图3-46，3-47，3-48，3-49，3-50）

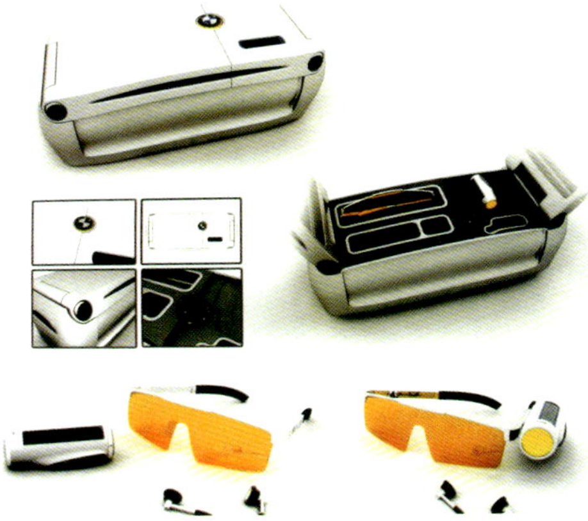

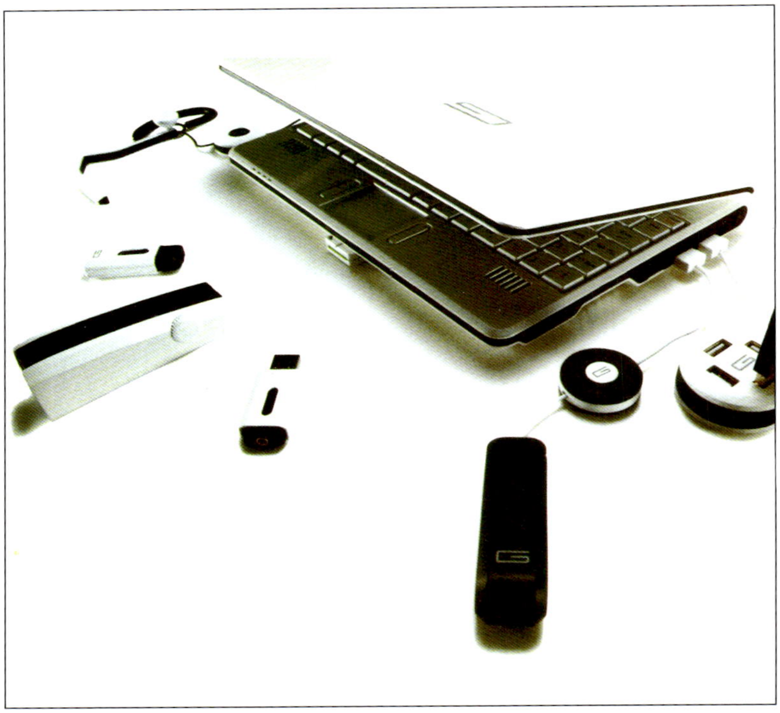

图3-46（左上） 宝马品牌延续设计

图3-47（右上） Gdium电脑及周边产品家族

图3-48（下） F1品牌授权衍生产品

图3－49（上） 保时捷衍生产品

图3－50（下） 保时捷品牌研究

第四章 基于产品用户的系统设计

第一节 文化人类学视角的用户研究

1.1 用户研究的范畴与倾向

在确定新产品的潜在用户群体时，传统的社会一人口统计学参数（年龄、教育程度、性别、收入和居住等）已经变得无关紧要了。目前的重点是对目标群体习性的确认和分类（这些习性的确与传统的统计参数大不相同）。1992年格哈德·舒策尔（Gerhard Schulze）在其文化社会学著作《体验社会》中将习性予以整合，并将其称为“生活圈”（Milieus）或群体文化学。

群体文化学为产品系统设计提供了四种好处：

第一种好处是能对目标市场中代表性的人群进行深入了解。在设计进行的早期阶段，获得关于产品功能的统计数字和一般信息并不是关键，重要的是深入地理解某个市场单元的需要、要求和愿望。

第二种好处是群体文化学强调消费者的生活方式、体验和使用模式。这些见解帮助设计师确定具有卖点的产品功能。但是在功能之外，这些见解还可以帮助团队确定产品的根本——外观、感觉、功能和使用目的。

第三种好处在于预测消费需求的重要转变。通过了解人们从本质上如何认识他们周围的世界、他们最新关注的焦点以及他们所抛弃的东西，设计师可以获得对人们在未来几年需要、要求和愿望的变化的深入认识。

设计不仅要关注产品本身，还要理解产品所处环境的细节。人们如何使用产品？在何种情形下使用？是否和其他产品配合使用？除了所关注的活动之外，用户还喜欢参与其他活动吗？用户在现实的体验中有什么困难？这些实际困难往往超出了任务分析所确定的细节。它们存在于产品存取和维护过程中，存在于现有产品失败的环境中，还存在于人们生活、工作和娱乐的环境中。理解用户生活方式的本质和他们的产品使用习惯就像剥洋葱一样，虽然最好的在最里面，但每片叶片都有肉可以享用，而且都是整个食用过程（设计过程）中的一部分。

第四种好处是具有监视动态市场的能力。人们今天喜欢的东西明天未必喜欢；而昨天人们曾经喜欢过的东西可能不久又卷土重来。群体文化学研究方法可以通过观察消费者面对技术、造型以及使用时的沮丧或是热情，帮助设计师在市场变化到来之前做出预测。

1.2 用户研究的方法

用户研究主要有定性研究与定量研究两类方法。定量研究主要关注人们的生理和认知过程，倾向于寻找现有方法中的错误以及人们使用产品和服务的过程中可能受到的潜在的伤害。这种方法的使用可以帮助设计师明显减少疲劳、减轻压力、避免伤害或简化操作程序所必须要注意的地方。定性研究倾向于明确用户的情感和表达等方面的期望值，它所关注的是产品可能的样式。带有黑色橡胶、很吸引人而且符合人机工程学手柄的新品牌OXO水果削皮器获得了巨大成功，但这些因素没有能够直接被测量、评估出来，但却是通过解读社会—经济—技术因素“感觉”出来。

两种分析方法都有它们自身价值。最好的产品通常超越了用户原有的期望值，并且能够立刻满足人们原本未知的某种需求。挑战在于如何调和这两种看似对立的方法，从而了解人们的行为。一个成功的产品必须减少可能的伤害和错误操作，它还必须同时使用户感到产品增强了他们的体验。因此，需要平衡通过研究及检验而得出的人机分析结果的定量研究和对结合产品的造型及功能提出指导意见的定性研究。用户的定量研究已有相当的文献资料，本书重点在于对用户的定性研究。

图4-1　酷爱运动的成年人的价值体系

用户定性研究以发现用户需求、期望、目的、情感和体验为核心目标。定性分析不是研究用户身高、体重、年龄与收入等客观性和确定性信息，而是研究他们的爱好、需求、审美、情感等模糊性和不确定性因素。用户研究多在心理学、社会学、人类学（民族志）、语言学等社会科学的介入下展开。综合使用各种社会学研究方法来观察群体并总结群体的行为、信仰和活动模式，试图深入了解用户做什么、用什么工具以及如何思考，从而指导产品的开发、设计、生产和销售。

用户研究更多地采用“质”的研究方法，不在于采样的多少，而在于深度；不在于统计的数据，而在于理解的程度。强调深入到现象中，通过亲身体验了解研究对象的思维方式，在收集原始资料的基础上建立“情景化”的、“主体间性”（inter-subjective）的意义解释。（图4-1）

例如对中产阶级家庭研究，不是研究中产阶级的个人特征，而应更多反映位于中间等级状况的家庭共同体的共同特征，如生活方式、价值观念等，包括经济指标和社会资源占有，包括职业、收入来源、住房类型和居住区等；家庭成员的个体背景因素，包括种族背景、宗教派别、性别、年龄、家庭历史、婚姻状况、道德标准、公共事务参与、语言、外表特征、社会技术、消费方式等；家庭及成员的“关系性”因素，包括朋友圈、熟人的状况、人际关系、社会网络、人际间的联系性和资源的嵌入性、社会资源的摄取能力等。

用户研究的主要研究手段是以非正式访谈和观察为主的定性研究为主。

（1）观察——对某种情况进行敏锐的观察能够使设计师对产品机会的特定活动和背景环境有一个总的理解。研究人员置身于现场或进行录像或录音以便随后进行分

图4－2（左上） 个人录像访谈

图4－3（右上） 用户描述

图4－4（右下） 家居探访

析。比如可以向参与者支付报酬，把摄像头安装在他们的起居室长达一个星期。然后对录像资料逐段进行分析，寻找有关行为模式有趣的见解。观察的结果通常由研究人员做出解释，并辅之以访谈的资料和使用视频编辑软件编辑资料。

（2）访谈——针对产品使用过程、使用环境或者针对一般的产品机遇，通过访谈了解个人如何看待、理解并联系与他们生活方式某一方面相关的行为。通过访谈了解产品被使用时的环境及情形，以理解产品发挥作用的来龙去脉。访谈可以进行得十分深入，而不仅是用户普通的生活方式和目标体验的细节。新的网络和互联网研究工具可以当作新的访谈媒体。个人录像访谈主要是以录像机为工具，邀请目标用户描绘他们对理想的产品有关的故事。用户绘图则是利用工作坊，邀请市场目标的用户描绘他们心中理想的产品。用户访问包括访问和接见目标用户，谈谈他们心中最满意和最不满意的产品。家居探访则是到目标用户的家居作深入的访问，看看他们最喜欢的产品或器物。（图4–2，图4–3，图4–4）

（3）视觉故事——视觉故事是目标用户（研究对象）自己制作的资料。它们是叙述性的故事，提供了关于

事實要素 core element	事實描述 fact description	相關資料 core relationship	推斷 conclusion	理解 conprehension
时间：早上7：00--7：30 环境：厨房、起居室 人物：男、女主人，女儿 行为：准备早餐、吃早餐 相关物：微波炉、餐具	清晨7点，女主人起床后先来到女儿房间叫醒熟睡中的女儿；然后来到厨房，从冰箱里拿出牛奶、面包、火腿、熟鸡蛋，一些水果。她先是把牛奶倒入玻璃杯中，然后放在微波炉里加热。同时她开始将火腿切片，面包和鸡蛋放在盘子里，水果切块，一起端到餐桌上。整个过程约5分钟。牛奶热好了，女儿还没 起来，她又大声喊女儿起床吃饭。 女儿起床后就发现时间已经晚了，匆匆的洗漱后坐到餐桌旁吃早餐，她先是大口的喝完牛奶，然后抓起水果吃。吃了两下就去收拾自己的书包；女主人劝她吃点面包或鸡蛋，她说来不及了。此时男主人也起床了，为女儿切了水果，并拿出饼干让她带上。	早餐内容基本不变化，预先煮熟的鸡蛋、超市买的面包牛奶，新鲜的水果等为主，偶尔吃点麦片。由于住的楼层高，基本不会下楼购买中式的油条、豆浆等。女主人准备完了早餐才开始洗漱。20出头的女儿起床一般都会晚， 所以早餐都是匆匆忙忙的。女儿的早餐一定会喝牛奶、吃点水果，因为她认为这样的搭配对于身体、皮肤都会有好处。男主人老秦几乎每天的早餐都在单位吃.由于工作原因.他的单位提供免费的早餐.并且伙食不错.	早餐偏西式，注重营养搭配，讲求快速。备餐与吃早餐基本在15分钟内完成。尤其关心女儿的营养，牛奶是必备的。	快速，有营养，不太重口味。 女儿注重早餐的美容与形体功能，而父母关注营养，对健康看重。

图4–5 某家庭早餐视觉故事

图4-6　加湿机设计的深度访谈与入户观察

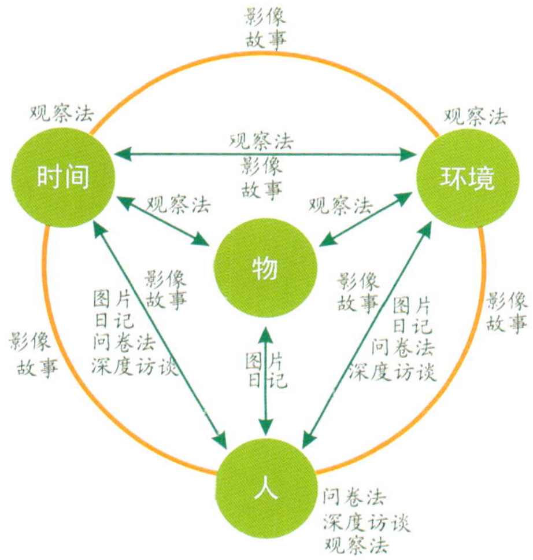

图4-7　调查方法与目的的关系

某种特定生活方式的一些典型活动的见解。视觉故事由参与人使用一次性相机并通过日记或杂志的形式记录其在给定的环境中认为重要的事或物。这种记录可以是他们所关注的活动、一天中的亮点，或者是他们喜爱的服装和颜色，等等。

比如研究有关饮食文化项目，给予所要调查的家庭一部相机和一个拍摄清单，家庭成员以图片日记的形式记录日常生活和饮食相关的活动内容，给他们以最大的自由。这是一种“不进入”田野的田野调查。拍摄内容包括购物环境、购买的食品、厨房环境及工具、食物准备与烹饪过程、家人紧凑的环境和过程、早中晚餐的内容、食物和工具的存储方式等。（图4-5）

问卷、录音机、相机、软件统计等，看起来都是简单工具和傻瓜操作。但问题不在于问卷本身，而在于“问什么”；不在于相机，而在于“拍什么”。因此，操作技能就包含了更深层次的“能力”，不仅仅在于使用工具，而更在于对目的的理解程度。同样去“观察”，具有不同的知识、经验与能力的人会看到不同的内容。观察是用心，而不是用眼。所以操作技能与工具，不是指表层的东西。方法是一方面，使用方法的人是最重要的方面，他的知识、经验与能力最终决定了方法的成败。（图4-6）

上述三种方法并不是孤立的，而是一个“系统”的组合，互为补充，相互支持。每一种方法的目的都是为了全面地了解潜在产品机会和生活方式所涉及的问题。其结果是能够直接引导产品价值机会的看法或主张。问卷可以获得一些客观的信息，用户日记可以了解被试主体自己眼中的生活。在对问卷与用户日记进行初步分析后，带着问题，带着清晰的针对性与目的性进行深度访谈和入户观察。（图4-7）

1.3　用户文化人类学研究的意义

产品设计虽经历了从“以机器为本”、“人机共生”到“以人为本”、“以自然为本”的转变，其思维主线仍是从物出发，试图使人工物适应人的行为特点、知觉感受、动作特性，缓解人的身心负担，弥补人的知觉感受，始终被动地、因果性地看待人工物对人类生活方式的影响。因而是自发地观照产品与人的关系，而不是自觉地从人的角度审视人工物及由此带来的社会问题。

人类学是研究人的科学。由于人本身就具有自然属性和社会属性这两重属性，因此从生物学的视点研究人类体质形态的称为体质人类学（Physical Anthropology），从社会文化的观点来研究人类社会文化现象的称为文化人类学（Cultural Anthropology）。产品设计以造物为主要研究对象，是研究人工物及造物系统的科学知识体系。可见，设计学与人类学在某种意义上是部分与整体的关系。人类学研究与人相关的社会、自然、人工物等一切系统，理所当然也包括与人类生活息息相关的设计。

不同民族由于其特殊的地域环境、气候条件、经济情况、人文思想、风俗习惯等，对改造自然和社会及适应生存发展所运用的原理、材料、生产也不同，其设计造物也会形成相应的民族特色和地域特征。此外，生活方式、群体行为、物产风俗、节庆活动、气候环境、宗教信仰等人类学观察研究的重点更与设计息息相关。

基于文化人类学方法的用户研究，收集本地人的生活知识和设计灵感。只有进入该群体的世界，以该群体的眼光看待事物，才能对不同生活、不同文化有正确的理解，也只有这样才能跨越设计师与本地人之间的认知鸿沟。人类学的用户研究，有助于用户置身其中的民族文化、地域文化或群体文化的来历、形成过程及其特点之中。通过人类学的听、看、记的基本方法，综合运用社会学、传播学方法及技术手段，充分了解当地的文化脉络，并以明信片、地图、照片、小东西等适合用户的物品，让本地人称为“发言”者，提供充足用户信息。（图4-8）

以用户日常生活中的价值观念、思维方式、审美情趣、行为方式作为思考和观照的对象，帮助设计者洞晓用户文化模式的优势、弱点，揭示隐藏其中的精神内核和深刻需求。来源于对当地的知识与灵感的探察、发现、再组织和再创造，以“有灵感的数据”来刺激设计者的想法；与此同时，用户也激发设计者思考他们自身的角色和快乐的经历，进而提示：设计创新在于新的角色和新的经历。文化核心的问题是人类如何并应该以何种方式生存。

借鉴人类学的“他者的目光”、“非我族类”、“文化互为主体性”、“整体论”等观念与方法，有助于设计者把过去、现在、未来联系起来，更清晰、更正确地解析人与物、人与人、人与自然、人与社会之间的关系。建立人类学与设计学之间的联系，以具体的解释式、建议式关注人类自身生存发展，有助于设计者更为敏锐、细致地发现问题，更为真切、深入地认识问题，更为开阔、活跃地提出设想，更为系统、本质地解决问题。（图4-9）

运用文化人类学于产品系统设计研究，主要通过实地调查来观察群体并总结群体行为、信仰和生活方式，描述某个社会群体和阶层文化，有助于设计人员理解用户的本地观点（Native Thinking），进而深入挖掘用户需求。

用户研究需要反复追问和经常思考的问题就是：用户知道什么？用户能够做什么？用户又希望什么？通过用户研究、系统设计和市场运作，自觉地寻求更丰富更复杂的人与人的本质关系。

运用文化人类学于系统设计，以研究人们的日常生活为出发点，以探索用户价值为目的，以实地考察为重要方法，以活动焦点为研究中心。重点在于通过对日常最普通的生活研究，通过重新关注对设计有意义的日常生活细节，揭示用户“未满足”的需求。将任何地方的人都不只是当作经济实体的消费者，而是作为有欲望和有需求的社会存在。这些社会存在以显在或潜在的方式，在积极改变自身和周围环境，创建新意义、经历和商品的同时，组成了复杂的社会单位并保持日常生活的基本组织，由此可以发现用户需求与新产品、新服务和新技术之间存在的相互作用。研究可以为产品开发带来新的视野并直接发现潜在用户，特别是一种新产品或服务被引进或者在现存的产品

图4-8　用户研究

或服务中有一些小变化的时候。

运用文化人类学观察用户与产品、用户与环境之间的互动，避免了以往问卷、访谈等语言交流中的意义污染问题，可以敏锐捕捉到一些无法被语言描述的、非常主观化的、情感性的概念。更为关键的是，透过人类学的观念与方法，自觉地从人的生物性和社会性出发，可以还原“人工物”在人类历史长河中的价值“真相”。

1.4 用户资料的研究

企业通常运用两种类型的研究来了解新的市场：产品聚焦（Product-focused Research）与文化聚焦（Culture-focused Research）。前者以供求关系为研究核心，使用问卷调查、焦点组、访谈、家庭访问和易用性测试等手段来询问消费者对既有产品、样机和服务的意见。后者是采用人口统计、记录本地人的日常生活与行为模式，发现价值体系、社会结构、亲属关系等手段去了解本地文化，从而发现市场机会。这两种方法都会使研究陷入两难的境地：前者能快速而确切地发现重要细节并正确总结，但拘泥于细节难以导致突破性的洞见；后者常常导致大量关于文化的惊人发现，但缺乏应有的细节使得设计开发难以落到实处，并且文化聚焦研究非常耗时，企业在开发新产品的较短时间内很难有效运用。

美国IIT（Illinois Institute of Technology）设计学院的Whitney教授提出介于以上两者之间的方法：“行为聚焦”（Activity-focused Research），既不关注某一具体产品，又不关心整体的文化，而是关注人们的行为。

一个生产厨房电器的公司，可以通过观察一个家庭的烹饪、进餐和饮用的过程行为来进行研究。可以观察并试图理解从晚餐购物计划、准备晚餐、储存食物到上菜、进食和必要的清洗的所有的行为。在观察过程中，自然地观看人们使用产品的方式。在观察用户使用产品的行为时，可以发现用户遇到的更多问题和他们期望在准备食物的过程中的要求，以了解用户面临的问题、期望的效果和潜在的需求。通过观察并录像纪录某一特定环境下（厨房或餐厅）行为过程中人们使用产品的方式，这些发现可以让公司的开发团队做出丰富的改进措施来满足这些行为的需求。这些经过研究的改进可以更有益于使用者需求，做出的这些改进比从通俗习惯上做出的改进更加有价值。

行为是显性的，而设计的“祈使逻辑”必定会要求并发掘支配人的行为的观念。因此，将人们的行为带入到环境脉络里去考察的方法多少带有社会学与人类学方法的印记。Whitney教授采用录像、网络照相机等设备为用户制作照片日记，并将收集的录像分类储存到数据库中，通过“POEMS”（People——行为中的人，Object——行为中与人交互的物体，Environments——行为发生的地点、场所、区域，Messages——行为中交换的信息，

图4-9 中国社会生活形态概况

Services——为完成行为人或系统所提供的服务）框架分析数据，运用处理研究书籍的工具软件来标记视频、注释活动、理解人们的行为特征，通过累计、比较与长期分析，从而获取洞见与特定文化下的需求，来帮助新产品、新服务和新系统的开发。（图4-10）

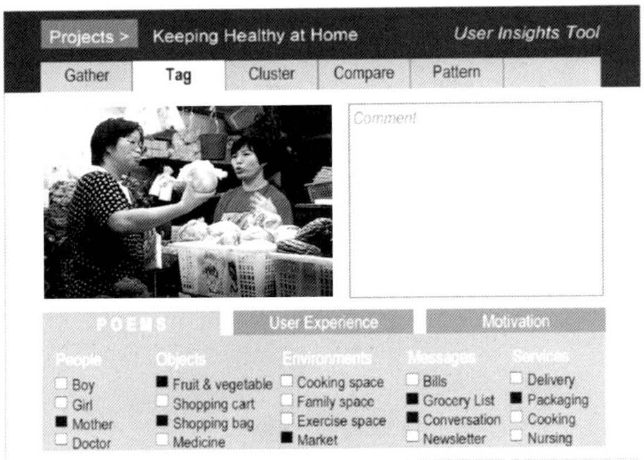

图4-10　以POEMS框架进行资料标注

采用“非科学”的手段，“模糊”地去探察文化背景下的需求，同样受到人类学与社会学的影响。准备一套材料交给用户，以用户以最大的自由去组织这些材料。这样，研究收集的是用户的“灵感”而不是“信息”。

Mattrlmaki曾为一家健身器材公司开发健康者使用的心率监测仪进行了用户研究。他找到了10名受测者，分发给每人一套“探察包”，包括：一个日记本，一些画有高兴、痛苦、烦躁等表情的贴签，一次性相机、拍摄任务清单以及10张带有问题的示意卡片。通过“探察包”收集用户日常生活的素材，并与受测者会谈，探讨其中一些含混不清的细节。这样，在整个研究中，通过Say（日记、会见）、Do（照片）、Make（拼图）的方式，通过语言的、视觉的以及行为的信息传达，再经过研究人员的分析与人类学解读，用户的主观态度、个性、动机甚至梦想等活生生地呈现于眼前。

通过观察用户在自然状态下使用产品的情况，设计者不仅能发现既有产品的瑕疵，而且能发现其他产品的潜在应用，更能为满足人们说不出却看得见的需求而创造新的产品。这种方法通过一些“模糊”的刺激物，却明确探测出用户的价值倾向，并在测试过程中，给用户以最大的自由和游戏般的乐趣，从而激发用户的兴趣与认真配合。（表4-1）

在一个欧盟的实际项目中，为了改善老年人的生活状态，他们调查了荷兰Bijlmer（阿姆斯特丹附近的一个大型社区）、意大利Peccioli（一个托斯卡纳式的小镇）和Majorstua（奥斯陆的一个区）。他们运用包括10张带有图像和问题的卡片、一些生活场景的地图、一次性相机、图片卡的“探察包”，探询年长者的爱好、生活中的重要事物及其对生活环境的态度（表4-2）。对他们而言，设计不再只是解决用户需求，更是创造新的乐趣、新的社交方式和新的文化形式，而“文化探察”无疑提供了发现这种创新的重要机会。最终设计创新的不仅是技术功能，更是审美、文化甚至政治功能。

用户研究不以传统的理科和工程为基础，而是从设计师的艺术眼光中获取新的方法；不强调精确分析或有效控制，而集中于美学与文化的暗示、制度与服务方式的创新；不仅将科学理论指导的客观问题作为灵感来源，更看重非正式的分析、观察的发现、流行的动力和其他一些“非科学”因素；他们并不聚焦于商业产品，而重在理解新技术。

第二节　场景剧本的用户分析

2.1　场景剧本

场景的概念源自希腊文“scene”,原意指剧本（戏剧、电影或歌剧）中最小的单元。今天它指的是一个草图（例如电影），或者是在项目和产品规划领域用于考虑偶然关联而构造的假定事件顺序。

在用户研究中，场景剧本(Scenario)是一个较好的方法。通过发展剧本模型以反映出谁是产品的用户、产品将帮助用户完成什么样的任务或提供什么样的服务、产品的必要性、它将如何改变用户的生活、它又是在什么情况下被使用。值得注意的是在场景剧本里没有具体的产品概念，当然也不涉及产品会是什么样、又是如何工作的。所有能知道的只是如果有一种产品可以满足用户的某种需求，那么该产品在市场上就是可行的。所要描述的主要是

产品目标系统，而不是具体说明该产品将如何填补这一系统。（图4-11）

场景剧本法为“透过观察→说故事→写剧本→显现情境→设计体验→沟通传达”的设计新方法，其主要原理是利用人类内心思考、言词表达的编故事、说故事的基本能力，将设计师及产品开发有关人员带入产品使用时的情境，透过这种情境故事，来体验产品使用的有关情景，发掘用户的需求。在设计开发过程中，不断以可视化及实际体验的方式，引导参与设计师从使用者及使用情境的角度来发掘产品的构想，评断构想是否符合设计主题，同时检验产品的构想是否符合使用者的潜在需求，以达到一个具有美学的造形、且充满感情能够打动消费者心灵的产品。场景剧本设计法兼具研究、分析、想象、创作与沟通的功能，其主要目的是将使用者的特性、事件、产品与环境之间的关系，透过想象描述未来使用的情境，以探讨产品构想与设计主题。

传统系统化的设计模式，多是以设计者的角度出发，经由探讨物与物之间的关系，进行功能性的设计，忽略了设计师与使用者之间对产品认知不同所造成的差异。

场景剧本法藉由情境分析，从操作程序的分析到使用环境的整合，把设计师从现实的世界带到产品未来使用的情境。同时帮助设计师将观察所得的信息连贯起来，把从中领悟与体验的心得作为创新设计的根据。另一方面，利用不同使用者的特性所发展的情境故事，可以让设计师从不同的观点，去设想不同的使用者如何以不同的方式去使用产品。简言之，场景剧本法是一个能让设计师透过虚

探察包	数量	使用方法
日记本	1	记录每天关于“健康”与“锻炼”的活动与想法，记录日常生活事件及其反映
表情贴签	很多	对日常生活事件贴上高兴、痛苦、烦躁等不同表情的贴签
一次性相机 拍摄任务清单	1	对家庭环境、家庭生活等信息记录，对喜欢的东西、讨厌的东西等情感记录
带有问题的示意卡片	10	将关于他们的态度、经验及情感方面的问题视觉化
大白纸	1	使用从杂志上剪下来的关于运动、生活形态、情感、环境的一些图片、文字，完成一幅拼贴图

探察包	数量	调研内容
明信片	8-10 张	• 曾经对你很重要的一条建议或见识 • 你不喜欢 Peccioli 的什么 • 在你生活中那些方面是艺术性的 • 告诉我们你最得意的设计
地图	7 张	• 你去过世界上的什么地方 • 你会在哪儿会见别人 • 你喜欢在哪里独自安静一下 • 你喜欢在哪里做白日梦 • 你想去但不能去的地方
照相机	1 个	• 你的家庭 • 你今天穿什么 • 你今天见的第一个人 • 令人高兴的事 • 令人烦恼的事 • 想展示为我们的任何东西
相册	6-10 张	用过去的、家庭成员的、现在生活的或任何他们觉得有意义的照片、讲述你的故事
多媒体日记	1 周	他们的电视和收音机使用情况，包括他们看什么、和谁一起喝什么时候。他们也被要求注意受到或打出的电话，包括和通话者的关系和打电话的目的

表4-1（左上表） 用户研究手段与研究内容1

表4-2（左下表） 用户研究手段与研究内容2

图4-11（右下图） echo声音服务平台系统

图4-12　厨房设计未来趋势

拟的场景发挥创意，以协助设计师集中注意力将聚焦放在使用者的需求与产品的系统问题上；同时又能让设计师回到现实世界，实际而具体地评估其可行性，深入体验产品的使用场景，以感受到使用者的喜爱与需求。图4-12为Philips Domestic Appliances and Personal Care的一个未来厨房研究项目。

1987年宏碁（Acer）公司开始从IDEO设计公司引进场景剧本设计法，使用在概念产品、信息产品，特别是未来产品的研发设计上，取得了良好成效。过去十几年来，设计界使用场景剧本法来研发高科技产业技术及产品之成功例子也不少。IDEO应用场景剧本法在产品系统设计大致可以分为五个步骤：(1)了解(Understand)，(2)观察(Observe)，(3)可视化(Visualize)，(4)评估与精练(Evaluate and Refine)，(5)执行(Implement)。因此，场景剧本始于了解包括：使用者的特性、事件、产品与环境等。从架构一个想象的故事场景，去观察一个想象与假设的使用情境，探讨在现实的情况下，如何构想创意与设计主题产品。可视化则是场景剧本过程的重点，也就是透过可视化来表达故事的内容，透过可视化来分析人与产品之间的互动关系。可视化的工具可以是图画、照片、动画、录像带或是计算机仿真等方式。需要根据场景故事中想要描述的行为模式来选择可视化的方式，目的在于使主题表达得最清楚。场景的脚本可以是文字的描述、简单的草图、示意的概念及精密的描绘，甚至是深入细腻地表达产品与人之间的互动关系。接下来的评估、决策、精练到执行与传统的设计程序大致相同。

2.2　场景剧本的基本框架

场景剧本主要是以场景故事来发展设计概念，故事的基本架构包括4个主要部分：人、环境、物和活动。人的角色部分指“物”的使用者的特质，如购买力、操控力、体力、人格性别等；环境的背景因素包括社会和环境因素，涉及影响物品使用者的环境因素，诸如居住空间、时间分配、社会习性、流行风尚、经济结构与工作环境等；物的方面则指与物品使用者发生关系的物品属性，诸如物品功能、价格、造型、轻重、大小等，是指进行设计的产品及其可能的属性；活动是指人与产品的交互过程。通过场景故事，可以创造出用户使用的体验，了解用户的需求，从而设计出更加符合用户体验的产品，甚至创造出新的用户体验。上述过程中的“人、物、境、活动”，若发生在过去，一般称之为“故事”；若“故事”未真正发生过，则称之为“历史”；若“人、物、境、活动”发生在未来而撰拟写成，则虽亦可称“故事”，但其文稿档案信息一般则称之为“剧本”、“脚本”。

说故事者藉“人一境一物一活动”架构以文字或口语表达出一事件，听者则以阅读文字或收听口语方式接收讯息，并于脑中重现“人一境一物一活动”的架构原貌。例如荆轲刺秦的故事中，人有荆轲、秦王，境有宫殿、刺秦背景，物有鱼肠剑、燕国地图，活动因此可以展开。

如果对“物”的面貌不清楚，在尝试描述“人一境一物一活动”时，人们本能地会以过去经历的“物”经验放入故事中，以补不足的信息 架构，因此会慢慢地呈现出“物”的可能面貌。（图4-13）

一个人一边说故事、一边听故事，慢慢的，故事会自然地走到一个合理的“人一境一物一活动”架构，不清楚的关键点也会渐渐厘清。完成故事后拿给别人阅读，可收集到很多有价值的建议。由于“人一境一物一活动”的客观表述，听故事者也会以客观的方式解读、重建、思考及陈述看法。对方可能会提出不一样的观点，或说出他们感觉的故事脉络，在这种顺畅自然的沟通下，不知不觉地丰富强化“人一境一物一活动”的结构。当由零碎叙述逐渐发展成一个好的故事时，大家都可以感觉出来。

将前述的“活动”改成“用”，则成为“人一境一物一用”的描述架构，以这样的关联，透过故事中描述的原则，可用以表达生活样式与用品之间的关系。“用”的部分指在生活环境背景文脉中，人与物品所发生的互动文脉。设计可视为一种“人”与“物品”互动的规划，并将规格落实于制造物品成型之上。故透过前述故事，利用“人一境一物一用”架构发展未知故事中的物品规格，可达成设计任务。

当一个个体(人)在选择用品(物)时，个人特质及当时的外在环境必然会影响所做出的决定，被选上的物品能满足选择者的“人一境”条件，以达到最佳的“用”。设计师在规划物品或服务规格时，若能考虑目标使用族群(人)特质，了解目标使用族群的外在环境(境)，应能透过本身具有的故事知能，规划出合适的用品。例如学生族与“随身听”关系中的“人一境一物”关系如表4-3。

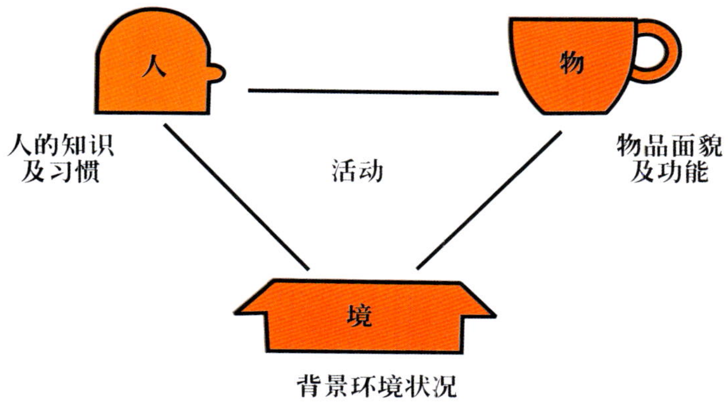

图4-13 人一境一物一活动模式

表4-3　学生族与“随身听”关系中　　的“人—境—物”关系分析

人	境	用
体能佳、学习力佳，购买力有限，喜欢听音乐、熟悉电子产品，人格特质倾向领袖尝新、率性宿命、等待肯定的自我中心人格特质最强，在消费特性上倾向精算速享。	受限于学校、家庭监管，生活型态以成长导向的学习为主。生活空间有限，在单人房中读书工作，空间使用方式偏和室型态。携带能力有限(书包、背包)。信息化、多媒体化趋势中成长。忙于学习、同侪交友、游戏、运动。时间多用于上学、学习，打工兼差。父母提供经济支持并负责较大项目购买决策。	容易携带满足了移动的需求；小小的可随身携带体积合适此族群在狭小空间中起居及大量肢体活动的特质；耳机及选择过的音乐带营造了隐私的媒体陪伴世界，隔离外界监控管理；流线精致造型满足炫耀之需求(等待肯定)；价钱合理(精算速享)，父母亲无法拒绝；同时也具备语言学习之功能与理由；未来可以此族群所需与同侪通讯之功能整合，如呼叫器等。

表4-4　初阶计算机绘图外围设　备设计案的“演员表”

姓　名	Gary	Rebecca	李大忠	Ben
使用环境	办公室	住家工作室	书房	办公室
性　别	男	女	男	男
年　龄	32	23	17	42
教　育	研究所	大专	高中	大专
工作职位	SOHO	平面设计师	高中生	主管
硬件环境	扫描仪、无线鼠标、PC	扫描仪、鼠标、PC、e CAM	e CAM、MS 鼠标	鼠标、PC
人　格	细心工整	利落、简洁、幽默	积极好奇	略保守
专　长	影像编辑	平面设计	玩计算机游戏	多媒体分析
收　入	50,000	45,000	5,000	70,000
理　由	编辑工具、影像修正因非专业、Welcome 太贵	手绘输入、影像修正初入门、不会买太贵的专业产品	多媒体、网页制作学生、不买昂贵的专业产品	手写输入、一般中文输入法不太会用
嗜　好	球类运动	唱歌、卡拉 OK	登山旅游	看书

第三节　场景剧本发展程序

以场景剧本导引产品系统概念发展是依据“人—境—活动”的背景信息，以合乎逻辑的方式推论撰述出故事情境的脉络细节。在故事发展之前，要依据设计主题，对与主题有关的环境与使用者进行研究。环境研究是针对产业技术、社会文化、市场经济等趋势的分析，以了解未来可能的环境变迁。使用者研究则是以人口统计调查的观点搜集目标族群的宏观信息，或以人类文化学的技巧选择具代表性的使用者的微观研究。

场景剧本依据“起、承、转、合”四个步骤进行。它是透过生活型态、技术、社会趋势、市场定位、SWOT分析、使用者面貌、剧本地图等分析解读与建构程序，引导设计师进入背景情况，再透过剧本撰写阅读体验，将使用情境、互动模式、关键议题等抽象内隐知识带出，并累积解决问题感的张力。然后由灵感转成应用概念、互动概念、产品仿真等具体形象，最后再透过各种剧本将概念转换成更成熟具体的产品规格、产品型录、营销策略。此外，在设计开发过程中，不断以可视化及实验方式引导参与设计师，以“人、事、时、地、物(产品)”作为剧本的基本撰写模式叙述，也可帮助参与者从全无的开始状况下发展出情境。（图4-14）

3.1　场景剧本的撰写——“起”

“起”式是透过生活形态、技术社会趋势、市场定位、SWOT分析、使用者面貌、剧本地图等分析解读与建构程序，引导设计师进入背景情境。在此阶段设计师须将原先整理的各种数据如生活形态、技术趋势、社会趋势等表列成议题项目，透过主要趋势推力与关键性不连续的分析，转换出“分境的剧本”，并藉此将未来趋势脉络融会于心中。再透过SWOT分析及产品市场定位的讨论，对企业未来的产品发展有一明确的方向。接下来透过制定代表

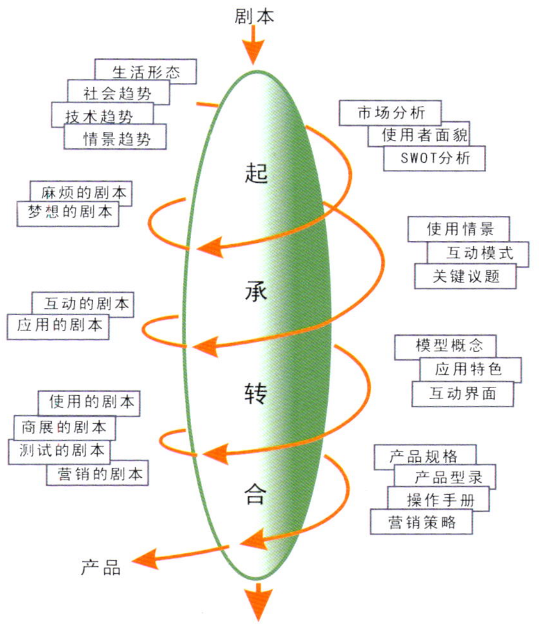

图4－14　起承转合剧本种类

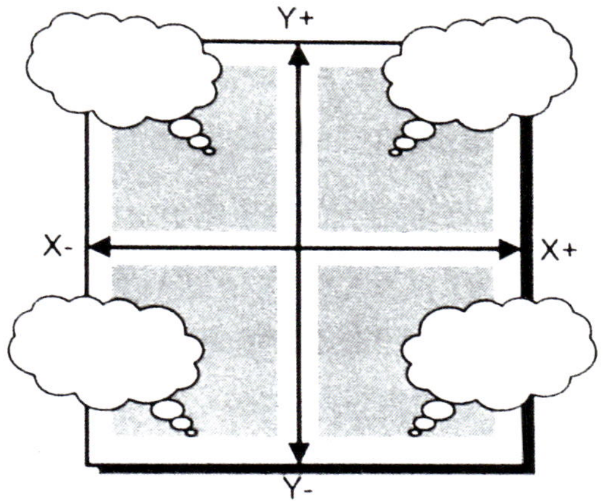

图4－15　关键性的不确定因素的四个故事空间

市场族群的“演员表”，并将产品使用活动情境转换成“用的地图”，以作为选取发展分镜的依据。

（1）产生演员表

说故事写剧本第一件事就是决定演员。“演员表”通常列有三至五人，每个演员代表“物品”的使用族群，因此演员属性的涵盖要越大越好。表4-4为一初阶计算机绘图外围设备设计案的“演员表”。

（2）制订未来情境

产品设计要预估未来两三年甚至更长的产品规格及使用风貌，因此设计师必须能先描述未来情境，一般称之“未来情境预演”。未来情境预演必须依据“主要未来趋势”与“未来关键性的不确定因素”来建构。“主要未来趋势”通常分为社会变迁、经济议题、政治议题与技术议题等四类趋势，“未来关键性的不确定因素”通常采用两组为轴，每组因素取正负向发展，两组可规划成四象限（图4-15），每一象限有截然不同的故事。

（3）建立活动地图

“活动地图”亦称“用的地图”，用以框架整个“活动”中“用”的范围，设计师按图探索时才不会遗漏。“活动地图”有“日志式地图”与“旅程序地图”两种。“日志式地图”定期观察周期发生之事，如生活中的一天、一周、一季或一年。“旅程序地图”则是描述由发生到结束的单一生命周期。

3.2　场景剧本的撰写——“承”

“承”式透过“麻烦的剧本”、“梦想的剧本”撰写阅读体验，将使用情境、互动模式、关键议题等抽象内隐知识带出(外化)，并累积解决问题的灵感张力。此阶段透过剧本制造推力与拉力空间，剧本可以分为形成推力的负面故事如麻烦、挫折、不便，或形成拉力的正面故事如期待、梦想等。设计师可在“用的地图”中选取重要的情境，建立前述的正负面故事。

（1）建立分镜剧本（快照）

此阶段将剧本地图中的主要使用情境结合访谈取得的使用者需求(如关键议题)与习性(如心智模式)等因素，再配合公司产品的策略定位与市场目标，调整逻辑框架依据，并依使用场合的效益，挑选具效益的分镜(snop shot，或快照)进行发展。

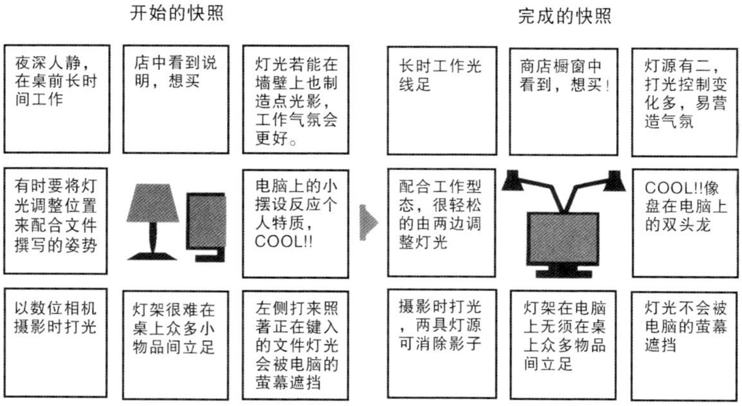

图4－16　灯光情景快照

效益可以根据演员(使用者)的重要性、期待度、发生频率来决定。 接下来透过故事板(Story boord)的铺叙，探索体验，利用研究时取得的使用者行为模式， 加上“麻烦”、“期待”等元素撰写麻烦的剧本(或期待的剧本)。设计师透过分镜细节的铺叙过程，得以深入体验剧情，并将情境内化到自己的感受意识中。

例如以场景剧本方式发展新文具时可以写下几段以目标市场顾客为对象背景的使用片段，像是在桌前使用文具不同时间拍下的快照。以自己所了解的使用情境与习性模式建立故事。写不出来时，就整理故事片段，或自己扮演文具，感觉一下与使用者互动的情景。

首先迅速地写出数个快照片段，每个片段约三四句，描写了使用者计算机桌前的情景与灯光的使用的状况：

快照一：计算机桌前凌乱，前面的鼠标、键盘、右侧则摆满了参考书、磁盘、笔筒。

快照二：灯光由左侧打来照着正在键入的文件。

快照三：计算机上方的有趣小摆设。

快照四：有时要调整灯光位置来配合文件撰写的姿势。

快照五：灯光若能在墙壁上制造些光影，工作气氛会更好。（图4–16）

对于简单的剧本可以由一个人单独完成，但对于复杂一点的剧本则需要团队来完成。下面是在团队状况下如何发展分镜的方法。

①人、事、时、地、物/脑力激荡表

以脑力激荡的方式，针对主题自由联想发展最具明显意义的事情状况，并将人、时、地、物填进去。可以是什么人?做什么事?用什么物品? 在什么时候?在什么地点?根据这些来协助发想。小组成员可以用表4–5来填写，然后讨论归纳，选择代表性的人、事、时、地、物来进行整理。

②分镜剧本/情境快照

想象自己是相机，看到一个有意义的情境，瞬间拍摄下来，画在右边的像框内。将此画面描述出来，并以文字简单铺陈镜头中的情境现状、前因后果、主角口中的话、心中的想法等等。

自然地描述主角所处的情境面貌。不必尝试一次就撰写巨著般的完整故事。经常撰写情境快照，不知不觉中将拥有一部心灵相机，它会为你捕捉有价值的情境、因果甚至直指核心议题。（表4–6）

正确的方式是先想好真实的主角和故事的 4~5个主要场景分镜，再开始下笔。假设以笔记型计算机与商务人员的关系为探讨方向，可以如此发展：

营销工程师张义夫带着笔记型计算机走访客户；

张义夫在办公室使用笔记型计算机；

张义夫在车上使用笔记型计算机；

张义夫在家中使用计算机 。

③剧本逻辑/情境地图的制作

如同前面的人、事、时、地、物/脑力激荡方式，累积足够的拍照镜头，自然地会按照一定逻辑组合出使用者常遇到的情境地图。运用 split and merge的技巧，找出小片段，再串联其间关系，地图自然会浮现出来。

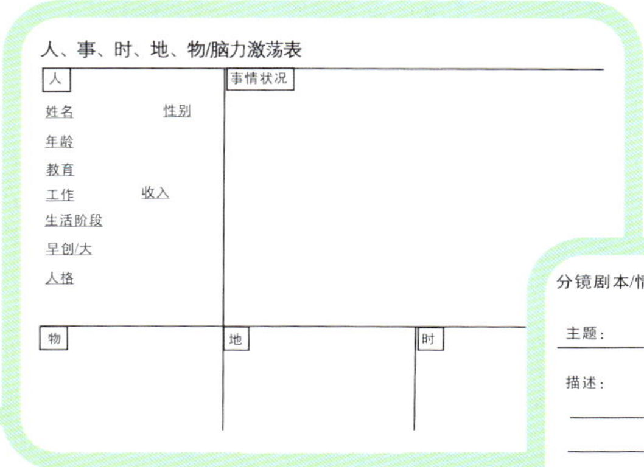

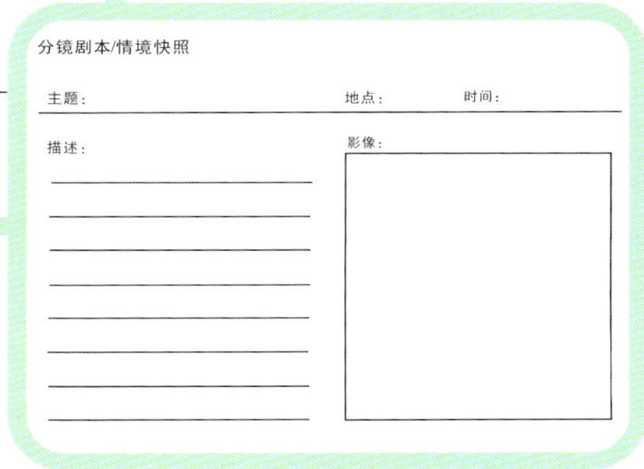

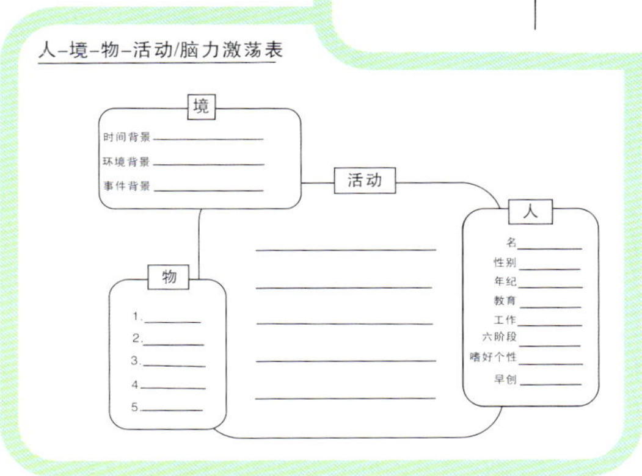

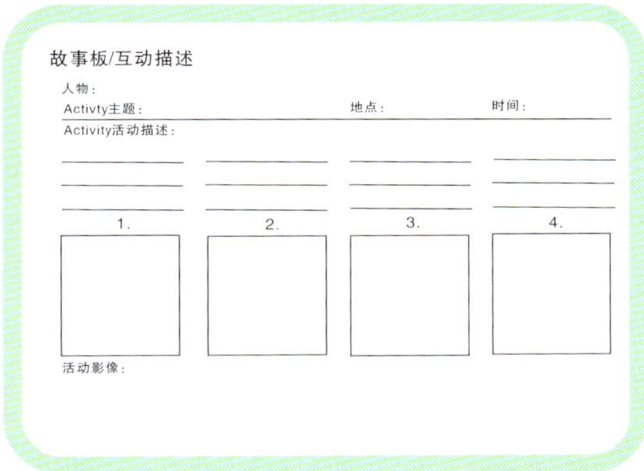

表4–5（左上） 人、事、时、地、物/脑力激荡表

表4–6（右上） 分镜剧本/情境快照

表4–7（左下） 人—境—物—活动/脑力激荡表

表4–8（右下） 故事板互动描述

④人—境—物—活动/脑力激荡表

表4–7为人、事、时、地、物表的改进表恪，以背景环境、人、物品及活动来协助发展。

⑤故事板/互动描述

将一个分镜剧本依时间顺序，分成几个部分描述，像连环图一样以图与文的方式表达出来，协助深度细节的发展与意念表达。(表4–8，图4–17，图4–18)

脚本撰写时，只要写出分镜场景的主要内容，并不需详述里面发生的细节。例如“张义夫在车上使用笔记型计算机”可以写成这样：张义夫出差途中在火车上接到老板的电话，他用笔记型计算机修改数据，同时以行动电话和老板讨论；火车的晃动让张义夫的速度稍慢了些，完成老板的交代后，他将修改后的数据用行动电话e–mail给客户。

至此为止，仍然不清楚产品会是什么样，以什么为动力，又将选择什么样的材料。在后面的设计工作中还会参考产品的目标系统陈述和场景剧本说明，以保证团队以此作为了解整个项目的根本，并保证开发工作不会脱离这一根本。

需要说明的是，不同的产品对场景剧本的详细程度是不一样的，对于复杂的产品，需要进一步进行任务分析，更加详细地分析故事内容，建立任务场景。分析的内容主要包括任务需要的技能水平、任务间的关系与顺序、任务时间等。

一个典型的任务场景包括用户和设计对象进行交互的活动，这样的场景通常用来说明某个产品的使用情况。

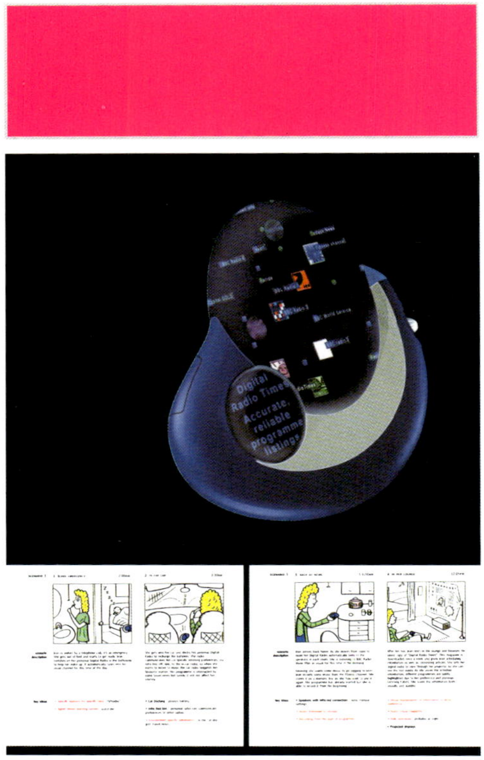

图4-17（左） 未来通讯产品项目场景剧本

图4-18（右） 数字收音机场景剧本（部分）

建立任务场景，可以帮助设计师更好地理解和提炼用户与产品的交互作业情形。在任务场景中，人与对象（产品）是紧密联系在一起的，这将帮助设计师理解用户和设计对象是如何在一起工作，并达到系统目标。同时，任务场景也反映出设计师把人和设计对象进行全面考虑的情况。因此，任务场景的建立依赖于用户的活动情况以及设计师对交互活动的预期。

任务场景分析通过观察和分析探讨产品和使用者、环境之间的交互作用，可以为设计者提供消费者实际操作的第一手资料。只需观察人们如何使用产品，并随后询问他们对于产品的使用感觉如何便可获得这方面的资讯。（图4-19）

Plasteck公司使用任务场景分析去观察使用马铃薯的不同操作情形。不久便发现不同人员在使用相同产品时会采取不同的操作方式。最显著的差异是有些人削皮方向朝自己，有些人则朝离开身体的方向进行。此一简单的发现需要提供使用两面的削皮刀片。原先设计者认为双面刀片的主要目的在于同时适合左手和右手操作的使用者。因此原本要为左手或右手使用者特别设计的可能性，这个时候已经由可以同时适合左右手使用者，而且同时适合内外方向操作的双面刀片加以取代。在观察使用者如何使用类似刨刀的刀片组件削除马铃薯眼时，发现许多削皮器在这方面不好用。许多使用者会将其手指握持部分向前移到刀片部位以便施力切除马铃薯眼，当设计者询问此一现象时，他们回答切削的刀片距离把手太远无法有效控制。有些使用者则宣称将手指握持贴近刀片部位，可能会使刀片滑落在马铃薯外面，并且增加割到另一只手的危险性。

在进一步全面观察马铃薯削皮器操作时会发现两种特别的策略。有些使用者在干燥时削皮，之后再冲洗（干式削皮）；有些使用者会在水盆中注水，并在削皮当中不断的清洗（湿式削皮）。使用者认为两种策略都有缺点。干式削皮者认为不停的开关水龙头很麻烦，而且他们会因为马铃薯表面有脏泥土而部分未削干净，这时他们要清洗干净后再清除这些忘记削皮的地方，而且最后还要清洗一次。另一方面，湿式的削皮者认为最后盆子内会有一盆充满马铃薯皮的脏水。脸盆接着要倒入水槽内，当水流完后

图4－19　曲线锯任务分析

再捞起削去的马铃薯皮丢在垃圾筒内。他们认为干的马铃薯处理上比较便利。有些人提到将马铃薯浸在脏水中不卫生；其他人则提到常常放置太多的马铃薯在盆子中，之后必须将湿的马铃薯拿起来放在菜篮中，有些人则认为要在一堆削下来的马铃薯皮中找到剩余的马铃薯有困难。但是每组的受访者都认为他们所采用的方法是最好的。

（2）建立议题

“议题”在此指一些待解决、有趣或者有挑战性的事项。撰写剧本法的目的是要协助你构想企划，一篇平平淡淡的片段帮不上什么忙，要想办法在故事中产生一些议题，制造创意发展空间。（表4－9）

刚才讲的“火车的晃动让张义夫的速度慢了些”是一个有趣的点，其它的呢?这时可以再读一次刚才写出来的场景描述，再去深刻地体验这个基本故事，想想在当时情景下人、事、物可能发生的问题，并加进去此时心中冒出来的议题灵感。

例如前一个剧本分镜此时变成：“张义夫出差途中在火车上接到老板的电话，他以笔记型计算机修改数据，敲计算机的同时，张义夫以行动电话和老板讨论，火车的晃动让他的速度稍慢了些，张义夫左手持手机，右手敲键盘，忙乱地在狭小的座位空间工作着，完成老板的交代后，他将修改的数据以行动电话e-mail给客户。然而，再一次地从行李袋中拿出手机与计算机的联机动作，又让张义夫手忙脚乱了好一阵子。”

一个分镜剧本中议题的数量以3~5个为宜，一段剧本分镜若提供4或5个议题，就足以讨论发挥。若累积太多个议题，多半是将数个场景的文脉共同挤在一段之内，将此剧本依场景分成几段分别处理。有时候，有些剧本也许只能反映1~2个，这也没关系，只要文脉读起来合理自然，就可以停止发展，不必勉强增加。以这种方式撰写，一张纸撰写出一个含3~5个议题的剧本。在建立4~5个分镜后，下一步是将每个剧本中的议题抽出，排成约有十余个议题的序列，然后整理议题彼此之间的相似性与关系，若关系显著，就归纳成一族，并写出具有代表意义的上层议题。例如：

议题1：晃动让张义夫的速度较慢；

议题2：左手持手机，右手敲键盘；

议题3：在狭小的座位空间工作；

议题4：在行李袋中拿出手机与计算机联机 。

详细观察议题2、议题3与议题4，会发现它们反映出“使用者在有限空间中同时使用多个信息装备时手忙脚乱”的共同上层议题，将相近的圈在一起会让你更了解实际的问题及影响规模。将相近的整理起来后更能让作者看到整个议题框架，感受到应该面对的挑战方向。

表4－9　建立议题

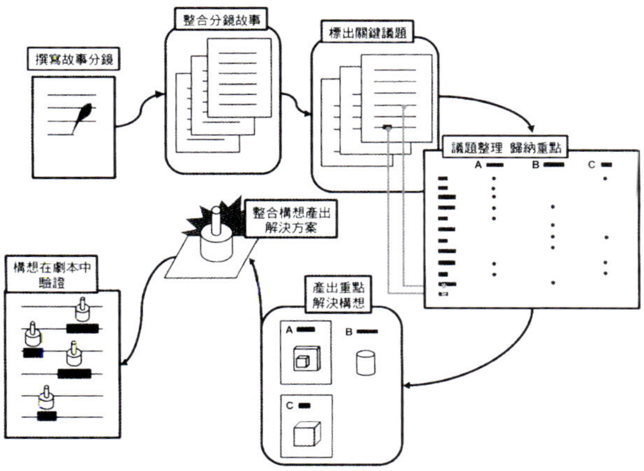

另一方面，在撰写议题或反复阅读中，同时脑中也可以感受到实际情景的困境需求，也可能隐隐约约地浮现一些灵感。

①AEIOU互动发展表

连续表列活动A(Activity)、环境 E(Environment)、互动I(Interoction)、对象 O(Object)、使用者U(User)的细节，可以探讨在特定情境下的互动细节。表4-10可以协助设计者感受并捕捉互动剧本中的动作流程与环境变化，收集数据进行分析，并转换出设计解决方案。（表4-11）

②互动潜探

表4-12结合情境快照与AEIOU互动发展表，连续表列活动A(Activity)及解决方案的概念，设计者可将互动接口(如使用者图型接口屏幕画面)解决方案表达在左下角的方块中。

3.3 场景剧本的撰写——“转”

“转”式是将“应用的剧本”与“互动的剧本”的灵感转成应用概念、互动概念、产品仿真等具体形象。在此阶段，设计师将面对蜕变的挑战，一边阅读“承式”中产生的剧本，借着这些故事塑造出来的力场，一边在另一张纸上迅速捕捉可解决困境或希冀的概念、机能等片段，再将概念产生后的情境改写到故事中，透过数组故事同时进行，慢慢地概念就会成形了。

撰写分镜细节时，“麻烦”与“期待”等因素会自然内化到设计者心智中，产生解决问题的推力与拉力，此具方向性的动力让感同身受的剧本操作者激发出创新修正的模拟隐喻或模糊概念，并透过将麻烦的剧本重新改写成概念的剧本，外化出解决方案。

撰写概念剧本时，在“人—境—物—用”一步步落实的描述过程中，概念会逐渐地明确，此时可以描述连续活动的分镜图(互动分镜图)，深入探索更细致的细节(如操作步骤)，借着剧本法的协作，设计者可以再次将使用行为模式框架内化到自己心智之中，并透过“人—境—物—用”的界定，转化出面貌更清楚的概念物成型细节。

产品概念到此阶段已可以结合剧本做更清楚地描述，为产品概念选择3~4个关键场景分镜，并描述每个分

表4-10　AEIOU互动发展表

表4-12　互动潜探

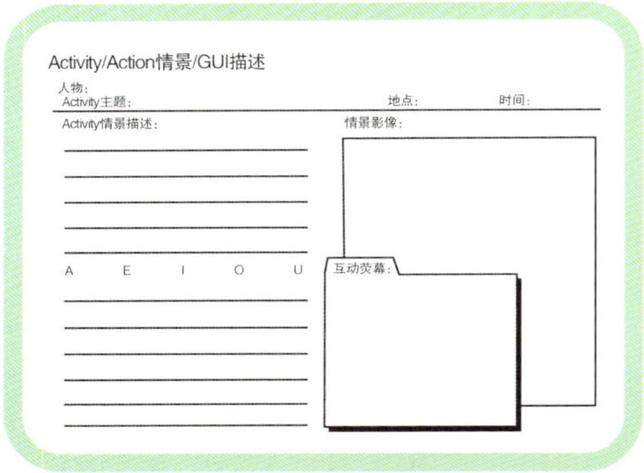

表4-11　某家庭晚餐AEIOU分析

A	E	I	O	U
吃饭交谈看电视	起居室，灯光昏暗拥挤	女主人喝红酒，吃饺子，看电视；全家在一起交谈；孩子喝饮料；女主人为男主人和孩子夹菜	木质餐桌靠墙放着，上面铺了一块花布，压了玻璃，上面摆了一个花瓶，花瓶里面有一束鲜花；欧式餐椅；一个餐巾盒，包了一个中式印花的绸缎套子；一个老北京的小鸟笼，里面放着饼干；各种颜色的盘子；凉拌西红柿、黄瓜，独流醋；饺子；蓝色小碗；餐桌对面是电视柜，里面摆着各式瓷器，还有书，电视机；旁边是电冰箱，熨衣板；小鱼缸；酒柜；沙发等	男主人，忙着工作；女主人，赋闲在家；孩子，小学。座次：男主人上位，对着电视，孩子侧边；女主人下位，背对电视

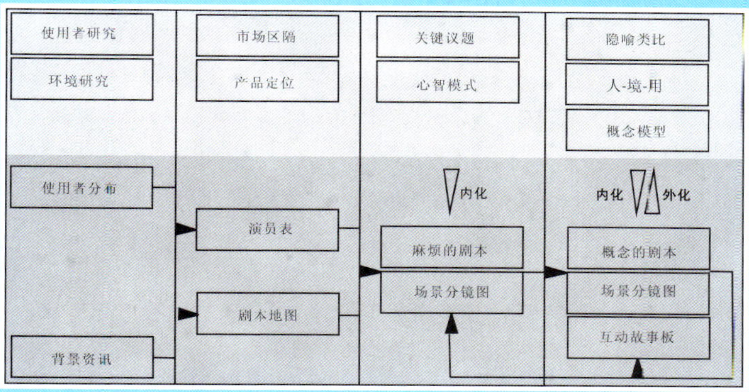

图4-20（上） 典型的剧本式产品概念发展流程

图4-21（下） 家庭空气问题的情景分析

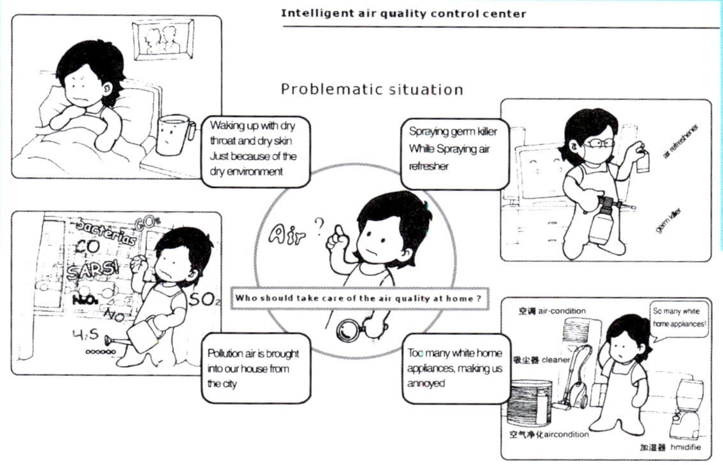

镜的使用细节(Script脚本)。结合产品概念与主要应用描述的剧本，可用与外界沟通，传递产品应用情境，得到更清楚的回馈。（图4-20）

总结的方案解决了困境，满足几个剧本中的需求，此时可以将解决方案加入原来的分镜中，并改写已经不一样的剧本。“出差途中的张义夫在火车上接到老板的电话，他以笔记型计算机修改数据，并开启行动电话与计算机无线传输的功能，张义夫透过计算机的麦克风耳机组，一面和老板讨论，一面敲着计算机，火车的晃动让他的速度稍慢了些，但张义夫从容地在狭小的座位空间中专心工作着。完成老板的交代后，他由计算机上直接下命令，将修改数据通过一旁挂着的行动电话e-mail给客户。”

3.4 场景剧本的撰写——“合”

“合”式以透过营销的剧本、商展的剧本、测试的剧本、使用的剧本将概念转换成更成熟具体的产品规格、产品型录、营销策略。

创意变成具体的产品面貌与使用剧本之后，可将它再写入营销的剧本，在商品世界中调整产品面貌。而通常经过此阶段，产品拥有更炫目的外观与命名，也可写成给测试者阅读的故事，以了解使用者真正的看法。在这一阶段，使用者透过故事阅读体验，通常会给出更深遂得体、出乎预期的见解，并导引设计产出更上一层楼的契机。（图4-21）

场景剧本可以保证产品系统设计的程序始终主次分明。虽然情节会进一步得到完善，但在产品系统设计的每一步都需重新与情景相对照，以保证演进中产品符合情景中的“是谁—需要什么—为什么—怎么样—什么时候”。在任何时候，如果产品脱离了情景分析所描述的情况，设计小组就必须明确产品的目标是否有了改变，或者重新考虑解决方案并回到情景所指定的轨道上来。

在研究北京地区中产阶级的“食文化项目”中，将

Family-4是一个三口之家所在小区靠近南三环，交通便利。住户其实都是政府工作人员。四年前男主人的单位分房，住房面积为：120平米，属于中档社区。两室一厅的格局，厨房、阳台很大，起居室与餐厅在一个空间，可以边吃饭边看电视。阳台上有各种鲜花，还有金鱼。整体装修风格有点西化，花边的铁翼和沙发都很欧洲，IKEA的许多灯具、织物和小东西也随处可见；电视很大，成为整个客厅的视觉中心。客厅的墙上挂风景画以及全家旅游的照片。随意中透着干净。厨房面积大约10平米，略显凌乱，角落里堆满了杂物，洗衣机、冰箱、饮水机、微波炉、电烤炉等电器。卧房面积狭小、主人房有电脑，可以上网，还有书柜，基本是男主人的专业书籍（交通管理）。

	事实描述 fact description	相关资料 core relationship	性格描述 charactor
家庭 family	Family-4一家三口，夫妻两加一个女儿。家庭月收入8000元左右，私家车是捷达。		和睦、亲切、其乐融融；生活的随意、自然，甘于平凡，知足常乐。
男主人 man	Persona1男主人：老秦，51岁，北京人，大专毕业，政府行政部门的公务员，从事的是交通管理，人民警察，专门处理重大交通事故。工作忙，经常值夜班，出现场，个子不高，体格微胖，性格开朗。老秦工作穿警服，但一有机会就喜欢着便装，穿宽松、舒适的衣物。喜欢看电视，感兴趣的节目包括新闻、旅游、体育、综艺、故事片、法制、教育等。老秦的爱好包括爬山、羽毛球，旅游喜欢自然风光和民俗风情；民族、流行音乐；爱看言情、战争、侦探和喜剧片；国画与民间美术；上网聊天、玩游戏（下围棋）、浏览，阅读一些旅游类和传记类书籍，崇拜政治家与科学家。（见问卷8-21）	Persona1男主人：老秦工作时间不很固定，经常值班，尤其是节假日与休息日。他从不做饭，自己在家基本是吃方便面或速冻饺子。老秦曾经历上山下乡，属于知青一代，有着那个时代的深刻烙印，黑土地、农家饭情结经常流露于谈话之中。	开朗、乐观主义、随便、老顽童。
女主人 woman	Persona2女主人：老韩，49岁，河北人，大专毕业，会计工作，朝九晚五，喜欢着普通便装。经常看的电视节目包括新闻、旅游、体育、综艺、故事片、烹调、法制、美容健身；经常阅读的报刊是京华时报、北京青年报与晚报；爱好是爬山、羽毛球；旅游爱自然景观与民俗风情；喜欢民族音乐、流行音乐；爱看言情、战争、侦探和喜剧、伦理片；国画与民间美术；上网游戏、浏览；阅读小说、财经、旅游、食谱、传记类。	Persona2女主人：老韩是典型的贤妻良母型的家庭妇女，生活的中心是家庭，每天下班为家里人做饭。	贤妻良母、知足，"过了四十才明白，怎么活不是活啊！"
孩子 child	Persona3孩子：秦文月，20岁，女孩，现读大学，每月父母给零用钱在100元以上。用来买零食、书和她自己喜欢的装饰物；平时放学一般在家里做家务、看电视、上网，经常做晚饭给父母吃；周末看电视、上网或与父母外出。	Persona3孩子：孩子虽然已经成人，但还在上大学，而且与父母生活在一起。孩子会分担部分的家务，经常做饭。	开朗、自然，爱玩，爱睡觉。喜欢电视明星，追求时尚、服装、减肥等社会塑造的生活方式

图4-22　某家庭背景资料

点	统计	分析	设计机会
1、2、11	+same	功能和安全是共同关注的话题，也是现阶段设计的主导方向	功能和安全必须满足的前提需求
10	+same	网络服务离现实生活还较远	依赖网络技术暂时不符合中国现况，这是设计创新时要注意的
3、4、5、6、7、8	diverse	关注食品功能，但关注点是多样的	设计创新时应注意同一产品的多样化策略
14、19	+same	传统社会层观念仍然根深蒂固；而当代社会的新观念、新趋势虽已在不同程度上形成影响，但并没有直接造成主观需求和客观市场	缺乏针对明确目标群的产品，需求目标系统是关键
15、16、17、18	diverse		
20	+similar	饮食的情趣层需求已显端倪，但还停留在浅层次的外在形式上，对文化层次的需求还很缺乏，而精细程度还远不够	短线产品加强外在形式的情趣，略带文化引导；长线产品则需要加强文化导向
21、22、23	-similar		
24	-same		
结论	整体是优越感与压力感并存的状态；身心紧张；闲暇时获得的不象是幸福更象是偷来的欢乐		需求目标系统的主题："发展"；不要盲目跟随舆论导向；设计的主题：全家齐"偷欢"

表4-13　资料整合

十户家庭的饮食方式分解为日常生活中的8个"场景"，分别是早餐、午餐、购物、备餐、晚饭、清理、饭后娱乐与外出就餐。

首先是针对该家庭基本的信息的描述与理解，如家庭所在社区、成员职业与性格特征、房间平面图、装修风格、厨房格局等，如同介绍戏剧发生的环境布景与主要演员。（图4-22）

第一幕场景是早餐。首先交代场景事件发生的时间、地点、人、相关物、主要行为；其次是场景事件的客观而真实的叙述，表达每一个人物的外显行为以及人与物之间的互动细节；然后是场景事件描述的补充，把一些隐藏在背后的信息揭露出来；接下来依据场景事件主观判断，比如根据被试的事物判断出早餐多以西式为主，时间一般为15分钟左右，这就如同"描述"一个剧本的情节；最后是我们更加主观的"理解"，是我们思考的结果。从“描述”一个故事到“叙述”一个故事再到“思考”一个故事，我们逐步从客观事实到主观判断，建立起对早餐方式“主体间”的认知与理解。

接下来的场景分别为午餐、购物、备餐、晚饭、清理、饭后娱乐与外出就餐，这样我们就可以了解每一户家庭的日常饮食方式了。然后，分别把十户家庭的早餐、购物、备餐等情景拿出来进行分析比较，得出共性与特性，这样就可以基本上了解北京中产阶级家庭的早餐或购物、备餐状况。（表4-13）

系统研究人、任务与环境的关系，并发现在食物购买、准备、吃和清洁过程中的许多设计机会，这些机会主要集中在四个方面：省时省事、营养健康、情感交流与文化习惯。（表4-14，4-15）

表4-14 设计启示1

人	儿　童：营养 办公组：迺度第一，口味次之，卫生与营养最后 闲　人（老人、主妇、保姆）：为他人服务
时间	新鲜食品与购物时间的矛盾 美味与耗时 早餐——在速度与营养和口味之间 速食产品的未来——吃饱也要吃好 有闲人与忙人之间——互补
空间	晚餐：厨房的主要功能 君子远庖厨：厨房的社会文化意义 杂乱、狭小的问题空间：清洁、操作、存储、采光、垃圾 厨房与中式烹饪：油烟与油污 生活的舞台：餐桌上的情感交流
任务	早餐：速度 + 新鲜 中餐：交流 + 分享乐趣 购买：多种口味 + 卫生 备餐：快速+营养 晚餐：分享劳动 + 体验 清洁：方便 + 休闲 储藏：整洁 + 方便 外出就餐：偷欢 + 情感凝聚

表4-15 设计启示2

	省时省事	营养健康	情感交流	文化习惯
购买	超市集中购买主要食品，一周两三次，信用卡结帐； 社区便利店购买临时急需用品。	超市食物有质量保障； 注意食物的出厂日期、保质期、品牌的可信度等； 购买新鲜的、绿色标志的蔬菜 买熟食特别注意卫生 家有闲人则每日购买可保障新鲜		购买主要是家庭主妇的事，一般去超市，偶尔全家周末一起去超市； 老人一般习惯性的去市场买
准备	西式早餐——牛奶、面包、鸡蛋、麦片等，微波炉加热，或饼干、蛋黄派等便携、无须加热食品。 家有闲人（保姆或老人）则弥补了时间的不足	冰箱零度保鲜 清洗蔬菜、多次冲洗、浸泡祛除化学成分 生、熟食物的案板分开 借助臭氧机保证食品的卫生	关注儿童、孩子一日三餐的搭配，食谱化 教育孩子帮助做饭 电话询问家人对晚餐的要求	家庭卫生习惯不同
食用	早餐——站着吃、路上吃、车上吃、厨房吃等； 一个人的晚餐经常是速冻饺子、方便面； 喂孩子吃饭很麻烦、耗时	早餐西式，营养与速度并重； 在饭馆吃注意卫生状况 饮水机并不卫生，因此给儿童使用更卫生的纯净水 方便食品与速冻食品不好，防腐剂，不新鲜 吃杂粮、煲汤、喝红酒	变换晚餐口味 边吃边看电视、跟孩子娱乐 就餐位置与空间 吃饭是情感交流 晚餐吃的时间长，放松	就餐位置 餐桌上的话题 早餐的中西式 家庭口味不同 男人晚餐喝酒
清洁	边做边清洗灶台、餐具等，油烟机请人清洗； 使用一次性餐具	洗涤灵清洗餐具，清水反复冲一次性餐具，尤其有客人情况下消毒柜 剩菜用保鲜膜包好，放入冰箱	清洗工作乏味、无聊，干活的人被疏离，不得以	谁负责清理工作——一般是保姆、老人或主妇 孩子辅助清理 垃圾一般不分类清洗工作乏味、无聊，干活的人被疏离，不得以
设计启示	提高孩子早餐质量，设计可以方便热早餐的汽车。 中式快餐或服务 适合于汽车运载的携带食品工具或器具。 方便晚餐（半成品）开发。 适应喂儿童吃饭的桌子	生、熟食两用加工菜板设计 面向家庭成员特点的健康食谱制作系统开发。 面向繁忙家庭的晚餐服务开发。	刺激进餐食欲的产品开发 家庭不重复菜谱设计服务开发 有利于家庭成员沟通的餐桌或餐具或餐桌上的小产品。 空间的设计有利于增进家庭成员情感的交流，乐趣的共享。	家庭餐桌文化用品及服务开发 适合于餐桌学习或伦理教育用品、服务开发。

第四节　基于生活形态的用户分析

4.1　用户生活方式参照

生活方式参照是用来自目标市场的其他产品、风格和活动进行参照，以间接的方式描述用户的生活方式。生活方式参照是对人们所购买的产品、使用产品的背景和环境、推崇什么样的东西以及任何定义他们所期待的质量的理解。这种方法的主要想法是将自己置身于用户的生活快照之中，置身于用户的世界。通用汽车公司在开发产品的时候播放目标用户喜欢的音乐，在概念工作室中用他们目标用户使用的产品创造出一个空间。福特公司有巨大的图片版，上面有各种图片，包括产品照片。其中的道理是音乐、色彩、造型和外观都能给设计师提供一种感觉：谁是他们的用户，他们需要什么样的产品。（图4-23，图4-24，图4-25）

在设计当中，这些抽象元素（图表）被用于形象化地描述用户（他们的情绪）的生活世界、公司主要销售的市场领域，或者干脆是整个产品领域（语意上）。对生活世界的相关深入研究与视觉化的前景都是在此基础上发展而来的。最持续性的视觉化前景在于能够实现并服务于产品的语意设计，同样它也被用于检验随后阶段的设计差异。因为符合给定的产品环境，不需要用大量的词汇来进行描述，而只需要通过对比图像试验去实现检验。

捕捉一种生活方式可以从购买目标用户经常购买的杂志开始。利用杂志中的图片，创造出一个关于主要生活方式和典型产品的拼贴。拼贴可以根据主题、色彩或随机地组织在一起，作为对用户生活中的一种图解。从杂志的专题和广告中确定产品，尝试使用这些产品。照片提供了第一印象，但触摸和使用产品则能给与一种关于产品材料、特点和感觉的感性认识。识别目标群体中流行的音乐和电影，来自音乐中的感觉和电影中的影像、色调及趣味都可以融入到产品风格中去。（图4-26）

通过观察、拍照或录像等手段进行记录和分析，类似于文化人类学中的田野观察法，了解目标消费者的侧面，真实地了解产品形象在其生活行为中的具体状况。就具体操作而言，可以通过拍摄消费者与该产品使用时相配

图4-23　现代民间传说主义者风格世界拼图

图4-24　价值传统主义者风格世界拼图

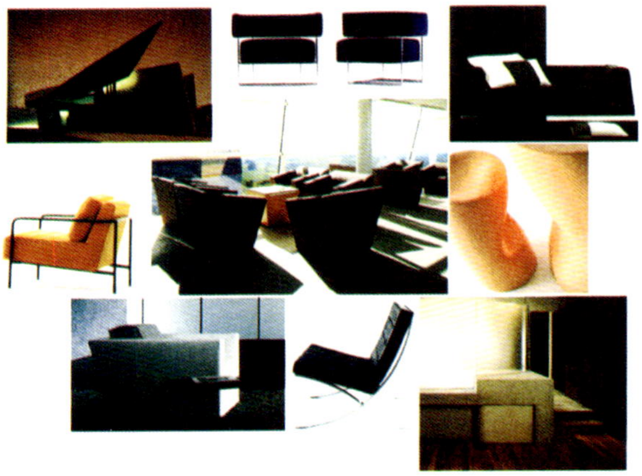

图4-25　设计个人主义者风格世界拼图

合的室内外环境、用品、服饰、音乐、电影等进行观察分析。基于分析、选择和偏爱的原理，该产品形象必然与周围的其他东西或环境相互关联，从而可以看到产品实际所达到的效果与预期之间的差距。同时，这个步骤也有助于洞察目标消费者的各种需求，并加以情景的模拟和预测。

当然，有些产品是可以跨越年龄界限的。这种情况下，把参照材料混合起来就显得很有必要。

4.2 氛围看板（mood boards）

由生活形态看板衍生出来的氛围看板所要表达的是产品所呈现的价值。它可以吸引具有此类生活形态特点的消费者。产品所表现的心情是第一眼看见所释放出来的情感、感觉和情绪。它可能看起来愉快和休闲（意象：壁炉中有柴火静静地在燃烧着），也可能是充满活力（意象：奥运百米决赛的冲刺镜头），它可能是轻松和趣味的（意象：骑车在乡村小路上漫游）或可能是紧张和商业的（意象：公司的董事会议）。它可能是柔软和舒适的（意象：一只澳洲无尾熊）或是坚固耐用的（意象：一座蒸汽引擎）。一个好的氛围看板会以各种图象去抓住这些感觉，但是不会涉及产品的某些特点，以免影响到产品外观风格的发展。（图4-27，图4-28）

图4-26　潮流图示

图4-27　氛围看板

图4-28　警察的形象moodboard

氛围看板在沟通协调方面扮演重要的角色。它不但使设计师有一个共同的产品外观风格目标，而且也使设计师以外的管理层甚至客户或顾客了解设计目标。如果氛围看板太过于抽象或深奥难懂，那么它是失败的。

4.3 视觉主题拼图

由氛围看板所衍生出来的是“视觉主题”看板，它搜集了设计师认为可以表现产品的最终目标意象。这些产品可能是来自于不同的市场而有不同的功能。视觉主题看板可以让设计小组人员探讨哪些现有产品的外观产品特征可以适合他们的设计。这些视觉特征可以启发设计人员的灵感，并提供新产品开发中修正、调整或进一步扩充的视觉造型资讯来源。

如行动电话的外观特点反映专业和商业生活形态的典型使用者。由于行动电话公司的推广，有许多原本并不属于典型行动电话使用者的消费大众也加入手机的族群。因此需要探讨如何改变行动电话的外型，以便更密切地符合各种消费者所期望的产品语义和象征意象。先列出各种行动电话的新消费族群和典型行动电话使用者的生活形态看板之间的对比。此类生活形态看板反映两种心情。第一

图4-29　视觉主题看板1

图4-30　视觉主题看板2

种心情称为“冒险”，它显示一种狂野、户外和积极主动的心情。第二种是“趣味”，它显示一种生动活泼和欢乐的气氛。设计师从这些氛围看板发展出两种视觉主题看板。除了用视觉意象表现视觉主题外，可以用具体事物加以呈现（好处是可以同时显示产品外观和实体感觉，但实际操作中有问题，如价格昂贵，不便利等等）。

在完成消费生活形态、产品氛围看板和产品视觉主题看板之后，新产品的外观目标此时非常清楚了。由目标使用者的意象逐渐缩小到使用者所认为有价值感的产品外观例子，设计师此时已可以开始发展新产品的外观概念设计。随着产品功能设计，外观概念设计目标在于产生许多构想，并由其中选出最佳者。只要和产品氛围看板一致，设计师应尽可能寻求数量较多的产品视觉主题。（图4-29，4-30）

外观概念设计由视觉主题看板萃取出主要的视觉特征，这种作业绝不是抄袭或剽窃，而是由视觉主题看板去激发各种想象力。例如先前的冒险主题看板中，狂野的意象可由粗的、块状的视觉手法达成，比如在产品表面上使用粗的纹路或波浪造型。另外，趣味意象可由明亮、对比强烈的色彩加以表现。

第五章　基于产品生命周期的系统设计

第一节　产品生命周期概述

1.1　生命周期设计与可持续性发展

自工业革命以来，物质的生产效率大幅度提高。资本的唯一目的就是快速地增值。当规模更大、效率更高的工厂为不断扩大的销售市场制造出更多的产品时，便可以赢得竞争的优势，从而获得更多的利润。伴随资本增值的便是生产—消费—再生产—再消费的单向度过程的不断重复。生产的上游是对资源的无限度使用，而消费的尽头则是废品的不断生产。

1970年代初出版的《成长的极限》一书是罗马俱乐部发行的一份关于人类处境的报告。作者明确指出，在可预见的未来，持续不断的指数增长将导致工业化国家失去赖以生存的基础。自然资源的锐减，人口密度剧增，环境污染的加剧，将导致工业社会不稳定甚至完全崩溃。

丹麦设计师艾里克·赫罗认为：设计的实施要求以道德观为纬线，辅之以人道主义伦理学指导下的渊博知识为经线……设计师本人已经成功地将工业设计转化为一种手段，用以大量生产、大量购买、大量消费，并大规模地破坏数不清的环境。如果这种断言适用的话，这就意味着“设计”要么作为自我破坏的手段，要么成为在合理的世界中生存的手段。设计师开始重视自然、环境、资源、生存、发展等关系，呼吁并着手以设计手段控制人造物对自然的侵害。

很多环境影响的结果是在产品制造和使用前，即在设计阶段就产生了。传统工业没有在产品设计中考虑环境要求，不得不等到环境问题产生后才去治理。实际证明，末端治理要比在设计中花费更多的费用，而且带来很多的环境问题是无法通过治理去解决的。

为了适应这一潮流，产品设计面临的一个挑战就是如何将产品与环境保护融为一体，从系统的角度使产品从材料、设计上满足环境保护的要求，并与包装材料的视觉效果及保护功能等各方面结合起来，最终获得对生态环境影响最小的产品，因此需要从产品生命周期，即从原材料获取、经过加工、产品制造、使用和最终废弃处理来考虑。（图5-1）

产品生命周期设计是从原材料获取，经过加工、产品制造、使用和最终废弃处理等几个方面的考虑。全生命周期研究有助于确定产品的环境影响，找到减少环境影响的措施，不至于漏掉每个阶段和每个环境因素。成功的生命周期设计还需要将环境问题的解决措施与产品成本、性能、文化和法规的要求进行平衡，最终选择可行的设计方案。

产品生命周期设计既能满足产品使用功能设计要求，又能减少产品全过程环境影响，既有经济效益又有环境效益，是产品可使用性、环境性与经济性三位一体的设计理念。随着污染控制的环境政策从末端治理到源头削减

图5-1　环保汽车

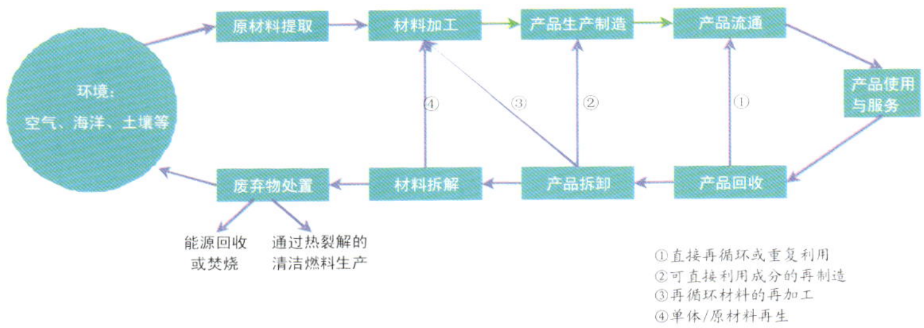

图5－2　产品生命周期阶段与环境的关系

转移，生命周期设计将在节约资源、预防污染中起着越来越重要的作用。（图5–2）

1.2　产品生命周期框架

产品的生命周期包括了7个阶段：原材料的获取、材料加工、工厂设备与材料的选择、制造和安装、使用与服务、用后废弃、处理与处置。生命周期设计也包括若干个基本要素。首先，产品设计要基于生命周期框架，按程序进行；然后，根据设计的选择，考虑上物流和下物流物料的影响。每项要素忠于产品制造和使用有关的活动都是产品设计时要考虑的因素。生命周期设计是以产品体系的设计为主体。（图5–3）

产品正是在生命周期过程系统中与人和环境发生着有意义的联系，比如通过营销者在市场环境下将产品转化为商品，使用者利用产品创造合理的生活方式，而回收者通过对废旧产品的拆解和回收，将产品转化成可再生利用的资源，制造者将资源又形成新产品，产品系统的功能正是在这种人—产品—环境相互作用和协调的过程中实现。

图5–4为一个塑料桶的生命周期图。最先塑料制品是以原材料进入工厂，经过工厂机器制造、制成产品、包装、储存和运输几个环节。在此环节上，经销网络细分成多个渠道，这些塑料桶会以空桶的方式配销到零售点或直接供给园艺业种植盆景，再送到园艺中心销售或贩卖。从这里，这些塑料桶会进入私人家庭，保存在房间、温室或办公室内。在塑料桶种植的盆景枯死后，这些桶可能被重新使用或废弃不用。

生命周期设计涉及的是广义的产品体系，生命周期内所有活动，从制造、使用到废弃物处置都应把它看作一个完整的体系，应该系统地、逻辑地降低全体系的环境影响。

（1）产品

生命周期涉及的产品是由所有进入最终产品的物料组成的物品。其生命周期各阶段的各种形式的输入，都包括在这个物料组成中。如一个简单的木勺，它是由三部分活动组成：伐木、加工锯去不用部分、刨制成木勺。在产

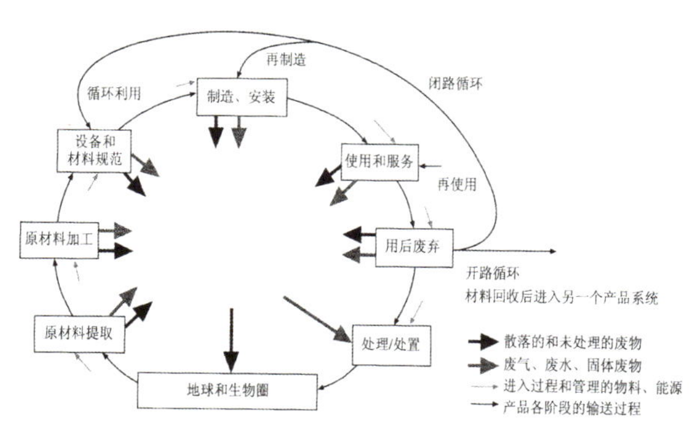

图5－3　产品生命周期的框架图

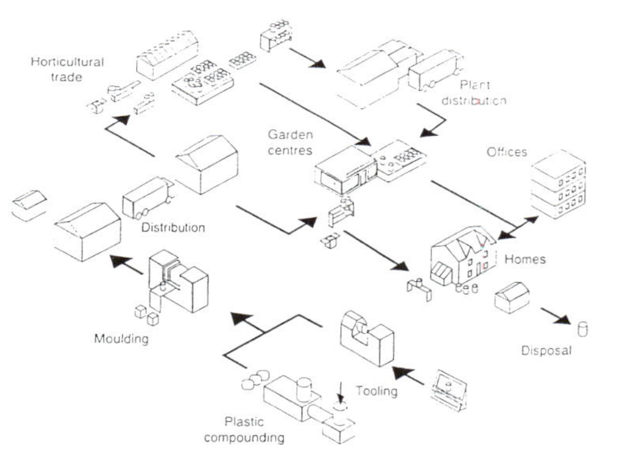

图5－4　塑料桶的生命周期图

品体系中产生了木屑、锯末和木勺。木屑、锯末和使用后废弃的木勺，最终都与城市垃圾一起，以填满方式进入土壤中。如果将其焚烧处置，则有气体、水蒸气和灰渣的产生，这些也进入了生态圈。

对更复杂的产品如汽车生产的生命周期中所包含的活动就更多：如开采铁矿、冶炼钢铁、制造零部件、组装、使用中消耗（汽油）、废弃、回收处理处置。汽车使用了很多原材料。这些原材料可以是多种初级材料（原始的）或二级材料（再循环的）混合组成的。新的钢铁材料或使用过的回收的钢铁材料都可能包括在产品中。在原材料获取、加工制造和使用中，不仅消耗了资源，而且产生了大量有害的排放物和废弃物。废弃后它含有的钢铁可以直接加工循环利用；其含有的塑料可以焚烧或回收或能源利用。

由此可见，在所有产品体系中都包括：设施或工厂、操作控制和过程、装置和工具、人工、直接和间接的材料输入、能源消耗。

（2）过程

过程是将材料和能源转换为中间或最终产品。过程中包括了直接和间接的原材料的输入，以制造产品。催化剂和清洁剂也是产品制造中直接的物料输入，尽管它不是进入最终产品的材料。工厂和设施也是直接的物料输入。在产品研究、开发、试验和产品使用中的所有消耗，都是产品的输入。

（3）派送/运输

派送/运输是由包装系统和组装运输网络组成的，它的功能包括：产品的包装/装箱、保护产品、产品及过程中的材料的运输。运输网络包括运输的方式和线路。火车、卡车、轮船和飞机以及管道都是产品运输的设施。生产过程中材料和元件的运输组成有：用泵疏松、阀门、管道、挂车、拖车和提料机等。储存设施如容器和仓库，对产品和原材料的派送也是必需的。产品销售就需要有批发仓库和零售店的活动。

（4）管理

管理是产品体系中的重要组成部分，是指包括组织、计划、决策、实施的全部职能活动。

管理职责包括行政服务、计划管理、财务管理、人员管理、物料购置管理、市场销售调查、用户维修服务、法律服务和培训教育等方面。办公设施如计算机、复印机等都是提供管理功能不可缺少的设施。

管理要素还包括建立信息系统，为生命周期设计提供支持。信息是生命周期设计重要的要素，利用信息系统可对产品体系进行全面盘查，减少产品的环境影响和风险，都需要精确的信息支持。设计中也需要信息系统扩展到各部门和各阶段。市场调查、产品标志的申报和产品认证都需要信息系统提供有关资料。

1.3　产品生命周期设计目标

生命周期设计寻求降低与产品体系有关的全部环境影响。生命周期设计的主要环境目标是在产品开发、制造和使用的全过程中，降低全部环境影响和对人体健康的风险。生命周期设计寻求包括节约资源、预防污染、支持环境责任的公平性，维持多样的、可持续的生态体系，保持长久的、有活力的经济体系等等。（图5-5）

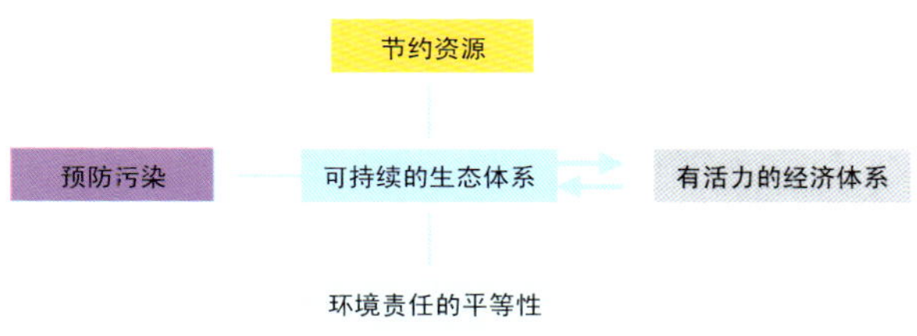

图5-5　生命周期设计的目标

在发达国家与欠发达国家之间存在着资源与污染分配中的巨大不公平性。在一个国家内也存在着资源与污染分配的不同地区。由于发达国家对产品生产的环境控制要求，一些污染严重的产品生产，逐渐转移到了不发达国家或地区，这些产品大多数是资源消耗性产品或污染严重的产品。生产中产生的污染和其他影响加速了这些欠发达国家或地区与发达国家或地区的差距。

也就是说，不同国家可接受的环境影响和健康风险的程度有很大的不同。很多欠发达国家把生存放在第一位，为发达国家提供这些环境影响大、价值低的产品，没有顾及自身承担的环境影响和健康风险。

生命周期的设计是要从产品全生命周期考虑降低环境影响，生命周期的每一阶段都要均衡分担环境责任，而不只是材料获取和产品制造者承担责任。产品在销售和使用上都对上物流的环境责任进行补偿。同时，从设计入手减少原材料获取和产品制造的环境影响，才能降低这些地区或国家的产品制造者承担的风险。

此外，传统的产品成本没有考虑环境影响和生态破坏恢复的成本，只用现有的制造成本价值表示，致使欠发达国家生产的产品价格低廉，发达国家与欠发达国家在环境和资源上消耗与补偿责任上的不公正性更加加剧。生命周期的成本设计，可从环境与生态恢复的经济补偿上平衡产品制造和使用者的环境责任。

第二节　产品生命周期设计的开放性思维

产品生命周期设计研究的主要内容包括：材料的选择与管理，产品的可拆卸性设计，产品的可回收性设计，产品的成本分析，设计数据库等。

2.1　产品生命周期设计研究内容

（1）材料的选择与管理

选材时，不仅要考虑产品的使用条件和性能，而且应考虑环境约束准则，同时必须了解材料对环境的影响，选用无毒、无污染及易回收、可重复使用、易降解材料。

除合理选材外，同时还应加强材料管理。一方面不能把含有有害成分与无害成分的材料混放在一起；另一方面，达到生命周期的产品，有用部分要充分回收利用，不可用部分要采用一定的工艺方法加以处理，使其对环境的影响降低到最低程度。

（2）产品的可回收性设计

可回收性设计是在产品设计初期充分考虑其零件材料的回收可能性、回收价值大小、回收处理方法、回收处理结构工艺性等与回收性有关的一系列问题，最终达到零件材料资源、能源的最大利用，并对环境污染为最小的一种设计思想和方法。可回收性设计主要包括可回收材料及其标志、可回收工艺与方法、可回收性经济评价、可回收性结构设计等几个方面。

（3）产品的装配与拆卸性设计

现代设计不仅应具备优良的装备性能，还必须具有良好的拆卸性能。不可拆卸不仅会造成大量可重复利用零部件材料的浪费，而且因废弃物不好处理还会严重污染环境。可拆卸性要求在产品设计的初期就将可拆卸性作为结构设计的一个评价准则，使所设计的结构易于拆卸，维修方便；并可在产品报废后可重用部分能充分有效地回收和重用，以达到节约资源和能源、保护环境的目的。

（4）产品的包装设计

在某种程度上，产品的包装对产品的整体形象、产品竞争力等具有重要影响。产品包装需要考虑优化包装方案和包装结构，选用易处理、可降解、可回收利用或循环再生的包装材料。

（5）产品的成本分析

生命周期的成本包括产品从原材料获取、产品开发、制造、销售，到产品最终废弃处理的全过程的总费用。生命周期的费用，还包括对产品的使用成本，以及隐蔽的责任成本、法规成本和少量的不确定成本。成本延伸分析包括产品使用和废弃后未来的费用和效益。（图5-6）

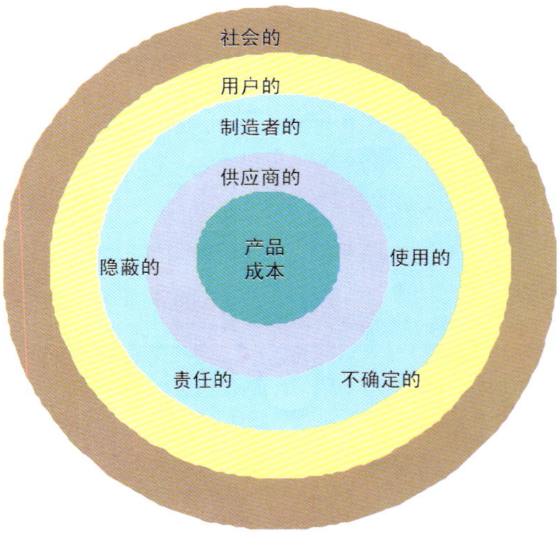

图5－6　产品生命周期成本示意图

（6）数据库与知识库

数据库与知识库在产品生命周期设计过程中起着举足轻重的作用。该数据库与知识库应包括产品生命周期中与环境、经济、技术、对策等有关的一切数据与知识，如材料成分、各种材料对环境的影响值、材料自然降解周期、人工降解时间，费用、制造、装配、销售等使用过程中所产生的附加物数量及对环境的影响值，环境评估准则所需的各种判断标准、设计经验等。

2.2 产品生命周期的开放性设计

（1）开放性的特征

《辞海》对“开放”的解释是：同“封闭”相对，“同外界有联系”。“开放性”是指主体与环境关系中表现出来的开放的本质属性，即主体在与外界的交互活动中发挥主体作用，积极吸纳外界的一切有利因素，在动态中实现主体自身发展的特性。这种特性就是开放性的内在规定——兼容性、互通性、主体性、发展性、创造性。

开放性设计强调营造人、产品、环境等各方面进行多种多样信息交换与影响的环境，强调设计的民主性、灵活性、多种目的性与包容性（见表5-1），在设计中注入时间和空间的概念。在时间轴上，使产品具有自我生长的特征，随着环境与人的需求增长而进行升级和更新，从而使其持续性地、长时间地被使用。在空间轴上，使产品具有较好的扩展性与联系性。一方面指产品对人与环境具有开放性，即产品能根据环境的需要而作出调整与变异，如各种可拆卸的家具；另一方面指产品对自身或其他产品具有开放性，即产品能通过自身零部件的调整而进行变化，或者其部件能容入到其他产品的体系之中而发挥作用，当产品损坏后其部件能方便地在其他产品中被再次利用。

	封闭性设计	开放性设计
产品	专门性的 目的单一的 标准化的	普遍性的 多种目的的 用户化的
过程	独裁的 排他性的 集中的 僵硬的	民主的 包容性的 多方面的 灵活的
设计者	独创性的 专业的	合作性的 供人分享的

表5－1　封闭性设计与开放性设计的比较

（2）开放性设计策略

产品生命周期设计需要从环境、企业、消费者三方面考虑，使环境得到有效保护的同时，公司能获得足够的利润，消费者也可以获得满意的物品。因此，产品生命周期设计需要突破封闭的、一元的禁锢，从开放的、多元的角度来认识人—产品—环境之间的关系。（图5-7）

①使产品对人具有使用上的开放性

在消费社会的语境下，每个个体都希望充分展现自我个性，实现个体的价值与精神。从这种意义上说，要实现个体的满足，就需要满足个体这种表达自我“生活风格”的需求。在个性、符号、风格的语境下，人们对这些产品的选择，主要基于个人独特的感受和价值观。因此，要实现人们对千差万别的“个性”和复杂多样的“生活风格”的追求，就必然要求产品具有无限多样性。在这个

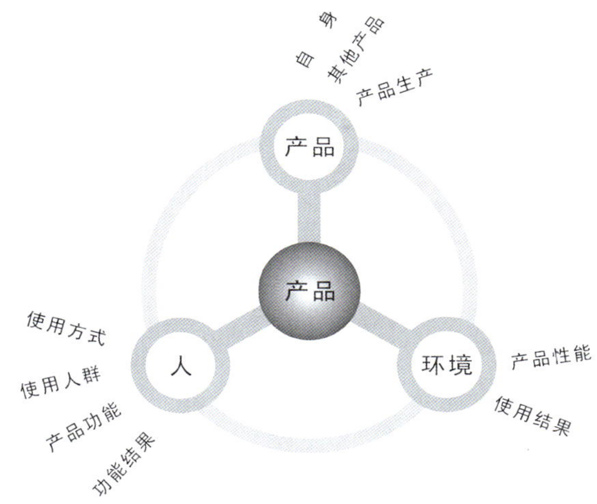

图5-7　产品生命周期设计开放性空间

“多样化、个性化、自由选择的时代”，产品变成了人的表达之物，变换与用过即弃成为一种常态。因此，需要与人之间构造一种新颖的开放关系，使产品不仅在物理功能上能随人的需求而发展变化，在精神功能方面也能达到依恋的目的。由此，可以从建立产品使用方式的开放性、产品功能上的开放性、产品的使用对人群具有的开放性、产品使用结果上的开放性等几个方面来考虑。

②使产品对环境具有开放性

产品对环境具有的开放性包括产品的性能具有开放性和产品使用后对环境具有开放性两个方面。

从本质上讲，人们对产品的追求是某种使用环境而不只是单一产品本身。在信息科技的快速发展下，个别存在的产品只能被看成是构成整个使用环境的一部分。

在科技高度发展的条件下，人们期待的使用环境已经不再是一种固定形态，而是将消费者的影响、参与纳入到其中去的一种开放形式，即产品需要保留可以后续升级与改善的弹性空间，能够具有借助本体或运用事先预留的空间结构而可以升级。这样，产品就能够根据环境的升级而成长，满足了用户更高层次的需要，从而延长了产品的使用时间，最终降低了产品的淘汰率。

当产品废弃后，需要能再次融入到环境之中，成为环境中的积极因素，可以减少对环境的污染与压力。这就要求产品使用自然的材料，或者容易降解的材料。

③使产品对自身或其他产品具有开放性

如何减少产品废弃后对环境压力以及提高资源的利用率，是产品生命周期设计需要研究的一个重要方面。除了产品废弃后被自然溶解吸收外，开放性的另一种方式是产品对其他产品或自身的开放性，即产品或其零部件能容易地被其他产品直接再利用或经回收后再生产，或者产品的部件可以相互联结，用户可以自由地组合成自己需要的产品与形式，就像儿童玩的积木一样。也就是说，用户把产品从生产者那里接过来，进行再持续生产，以提高产品以及零部件的使用率。使产品在报废后其零件能够高效地不加破坏性地拆卸下来，从而有利于零部件的重新利用或进行材料循环再生，达到既节省又保护环境的目的。这种可拆卸的零件需要考虑对同类产品的再利用，还要考虑对非同类产品的再利用。因此，需要考虑减少拆卸的工作量、预测产品构造，避免相互影响的材料组合，避免零件的污损，易于拆卸，易于分离，减少零件的多样性，采用标准化的零部件等等。

另外，产品对自身或其他产品的开放性，也可以拓展用户的个性使用空间。用户通过不同的零件以及不同的组合方式可以设计出自己所喜欢的产品。例如哈雷就是通过样本的方式提供多样化的零部件，让消费者可以自由选购并且安装出自己所喜爱的车款。

④使产品的生产具有开放性

用户期望创造或发挥自己的个性，从而真正成为自己趣味的主人，而不是成为顺应或选择一个市场所提供的原型性个性。在这样一个权力逐渐消解的社会中，用户需要真正成为自我个性的缔造者与表达者，他的灵感和当前的信仰起到决定性的作用。因此，需要发展出一整套新的模型来满足消费市场的要求。这种开放性生产体系，允许人们有个人的神化，允许个人关注创造自己的空间和选择自己的生活环境。

今天，产品越来越依赖于人造智能技术，由于大量控制性工具、自动化系统以及电脑支持等概念的出现，批量化生产和多样化之间的密切关系已经在性质上发生了深刻变化。在这种新的工业排序中，工程师——设计师能在一种用户特殊要求的产品生产出来之前，就为它们找出各种不同的组合方式，或干脆组合出一种组合品。通过“初创形式加变换场”的开放形式，用户在其中对某种可能形式的已有参数进行变换，把自己的意志灌输到自我的个性中。也就是说，当用户要求一种适合自己的个别物品时，负责将物品作变异性处理的工程师会通过一种特定的信号，命令整个生产过程生产出所需的物品，以满足用户个性的需要。

在这种开放性体系中，设计师不再是一个在设计或计划部门创造模型或变异品的人，而是扮演一个对“自我生产的申请者”（即那些想配置自己特殊的生活空间或环境，而不是服从一个从市场上选取出来的生活风格的人）起导向作用或教育作用的角色。此种设计，已不单单依赖于自动化设计者与用户之间的不断对话，最后的产品来自这种碰撞出的超越性的“突破”或“变异”。

第三节 延长产品的使用寿命

产品的使用寿命是指产品在合适的维护下，能安全运行并满足产品性能标准要求的期限。延长产品的使用寿命，能直接降低产品对环境的影响。很多情况下，寿命长的产品能减少生产过程中的资源消耗和废物的排放，减少产品废弃量和处置量。采取这项策略前，设计师应了解产品的正常使用寿命。

3.1 适当的耐用性

耐用性是指产品在长的使用寿命期内，耐磨损、耐应力和抗环境分解的能力。

一种耐用的产品应是在延长的使用寿命内持续地保持满足用户需要的功能。有的耐用产品不会增加资源的消耗，然而，有的产品在增加耐用性会需要使用更多的资源。在后一种情况下就应将增加使用的资源产生的环境影响，除以延长的使用寿命，这样得到的分析结果是产品在单一使用中或使用时间内的资源消耗的影响。以此作为合适耐用产品设计评价的指标。设计师可以将这些数据与有竞争力的产品资源消耗的标准进行比较，来评价这些耐用性的产品是否降低了总的环境影响。

只有产品适合延长使用寿命，设计师才可设计出耐用的产品。这些耐用性的设计可以针对整个产品，也可以针对某些元件。它们在产品期望的使用寿命结束后，还能继续使用。

有些产品随着技术的更新而变化，就不适合采用耐用性设计。若是一种简单的产品，用后很快就废弃，考虑它的耐用性是多余的。一种复杂结构的产品，假如它是随技术更新迅速变化，最好就采用便于升级更新的设计策略。例如，计算机采用组合式模块机构，通过更新元件就可使产品升级，而不是更换整个产品。在这种情况下，这些需要更换的元件，就不必设计为特别耐用的。

另外，产品的耐用性也必须建立在材料的耐用性上。有些耐用产品需要的材料能结实耐用，是由于其不易分解、衰减。但这会随着产品废弃带来废物的增加和处置中的环境影响。了解了材料最终的处置结果，可避免设计者只考虑延长产品的某些功能，而盲目选择一些结实的、永久性的材料，除非这些材料易于回收再利用。

耐用性的产品设计还需要考虑其他一些要求。只有在材料获取和产品制造成本很高时，才考虑它的耐用性。如果产品在市场中价格低，竞争性强，制造成本不是第一位考虑的因素，则不应把耐用性设计放在第一位。不管如何，耐用性常常是与产品的高质量联系在一起的。例如，加固的除草机总比一般的除草机耐用，抗应力强，使用寿命也长。当然，它们的价格也比一般的要贵，因为它不需要频繁更换部件。

加强产品的耐用性是根据市场和销售定位的设计策略。有些耐用的产品，更适合于租赁给用户而不是销售给顾客。租赁实际是出售服务，而且减少了服务中的交通费用。耐用性在租赁产品中，是极其重要的特性。持有产品或设备的所有者，通过租赁其产品，从产品的耐用性设计中得到更大的利润。

3.2 可升级性

可升级性即是允许产品持续升级或者具有不同的服务功能。模块设计的产品可使单一功能的元件易于更换，根据需要可以提升或改进其产品的功能。（图5-8）

模块化就是在对一定范围内的不同功能或相同功能而不同性能、不同规格的产品进行功能分析的基础上，划

图5-8 CD架模块

分并设计出一系列功能模块，通过模块的选择和组合构成不同的产品，以满足市场的不同需要。利用模块化设计可以很好地解决产品品种、规格与设计制造周期和生产成本之间矛盾。模块化设计也为产品快速更新换代，提高产品质量，方便维修，有利于产品废弃后的拆卸回收，为增强产品的竞争力提供了条件。（图5-9，5-10）

前面已提到，产品的升级能延长其使用寿命，避免产品因为技术陈旧而被淘汰。元件组合式的产品是升级性产品设计的最佳选择。为降低产品全生命周期的环境影响，升级产品的元件替代后，其材料组分应与原来一致，不会产生或增加新的环境影响。（图5-11）

可升级的设计是基于内部可更换的元件。内部的可更换性元件，要求元件的制造严格控制尺寸公差，以保证更换后不需要做大的调整，或只要稍做微调即可。为此，可升级产品的设计在固定、连接的方式上应格式化。例如，设计一种新的可更换刀片的刮胡器，就可避免刀架的废弃，减少固体废物量。

可升级的产品设计对加工制造者也能获益。这种设计策略可使他们持续研究改进产品和元件的技术，负责产品的不断更新。可升级的产品制造也使它们易于提供低环境影响的产品，满足用户的需要。因为产品原来的生产厂的设备和工艺是现成的、成熟的，可以持续使用。（图5-12）

3.3 可靠性

可靠性是产品质量的主要指标。产品的可靠性通常是用符合性能要求的概率来表示的。它表示了产品系统在预定的环境条件下，在规定的使用寿命期内，符合设计要求的能力。

产品特性的环境影响也与可靠性有关。不可靠的产品或工艺设备，尽管它是耐用的，也会很快被淘汰。不可靠的设计也意味着存在安全和健康的隐患。

产品中元件的数量、单个元件的可靠性及元件组合的结构，都是影响产品可靠性的重要因素。零部件的减少和简约化设计，使产品既增加了可靠性，也增加了可制造性。简约化设计也使维修服务变得简易。所有这一切，都导致了资源的节约和废物的减少。

图5-9　模块化灯饰

图5-10　机场儿童娱乐设施模块组合

可靠性不一定都是能达到或减少零部件数量和简约化设计。在有些产品体系中，需要冗长的系统来支持可靠性的需求。当可靠的产品需要一些并联系统或失效—安全警报元件，这时产品的成本可能会显著增加。因此，产品的可靠性设计也要同时顾及其他设计要求。

可靠性应在产品设计开始就考虑，而不是通过以后的检查才实现的。在制造后再筛选出不可靠的产品是很浪费的，这些不可靠的产品还得再修理或被废弃。无论哪种情况，环境影响和产品成本都会增加。

3.4 可维修性

可维修的产品系统能在控制条件下通过调整使其达到最佳性能。很多复杂的产品设计为延长使用寿命，需要提供更多的服务和技术支持。任何与产品制造、批发销售或零售有关方都是产品的维修提供者。当产品设计为可维修的，需要设计人员确定由谁提供维修服务。顾客自己也可以是产品的维修者。设计人员应该确定这些服务产品的目标需求并纳入设计中。应为他们提供维修的工具和一定的专业知识，提供产品性能维修的技术支持，这样才能为他们提供正常的维护和维修服务。大多数情况下，结构简单的产品，有利于维护与修理。

设计小组应为任何产品维修服务网提供维修用的必备设备和部件清单及必要的投资。产品售后服务包括两个方面：维护和修理。

为维护保持产品体系的性能在规定的水平之上，其困难性和需要的时间，决定了这种产品体系是否易于维修。

维护包括定期对产品的清洁、预防性的和局部的调整、校准等活动。正确地和定期地维护产品，有助于保持产品的使用寿命，节约资源和减少污染。例如汽车发动机，正常的维护做好了，能减少事故，提高燃料的使用效率，也就减少了有害尾气的排放。反之，延迟或者忽视了正常的维护，产品易造成损害，既减少了使用寿命，又会增加废物的产生。设计人员应尽可能创新设计，使产品易于维护：弄清拆卸元件与部位的时间、需要的工具和维修人员的素质要求；维修程序的复杂性；产品维修潜在的误差；产品维修必须用的部件、元件或系统；设计中要求的产品正常维修的周期。

以上这些清单不一定周密，但是它有助于设计人员确定影响产品维护的要素。这些要求是相互关联的。如果维护的程序太复杂，那么维修人员的技术水平也要求高，元部件拆卸的时间也要长，必要的校正、调整也多。如果在设计中要求专业的拆卸、维护工具，将是不利于产品维

图5-11（上） 机箱

图5-12（下） 可变换的杯子

护的。

同样，如果零部件没有储备，或不是可通用的零部件，那也增加了维护的复杂性和成本。零部件之间的必要空间，也是易于维护的重要因素。设备中的每个零部件的规格、安装的规范和位置编号，都是进行维护的必要要求。通常设计中产品的零部件越少，越易进行维护。

应注意设计中产品维护的要求与其他要求配合。如汽车发动机应该运行800千米换一次润滑油，如果运行80 000千米才换油，汽车就会报废。用户一般认为，越不需要维护的产品是最好的。设计者应在产品提供的说明书中，阐明不定期维护的弊端，并规定需要进行维护的最小周期，以保持产品最好的性能。维护性差的产品比不结实的产品，需要提供服务的时间更多。如果产品需要不断地调整、校正，才能保持运行正常，那么这种产品也是质量低的，也易废弃。

易修理性取决于更换失效功能零部件和恢复产品体系运行条件的可行性。产品进行维修有两个步骤，一是要诊断确定缺陷的零部件，然后根据对零部件资源管理，提出以下问题：产品是需要修理还是报废？如果是要报废，则需要了解其他的零部件是否也接近失效或报废？如果是需要维修，则要了解这些有缺陷的零部件是否用的新的替代，还是可以再维修，或能否用已经用过的零部件替换？

零部件拆卸的时间、复杂性和可接受性都是影响产品修理的重要因素。容易修理的产品也依赖于元件或零部件的可交换性和标准性。可交换的零部件一般是由一家零部件生产厂家制造的。标准化的零部件可以是不同零部件生产厂，采用统一标准制造的。标准化的零部件，可使零部件的更换和安装更容易。标准化设计也使所有零部件的制造和安装，都能有可接受的设计标准。

标准的零部件，它们都标有制造厂的系列编码，由此建立零部件档案，便于修理时更换。这些编码还可以提供通用的零部件的尺寸。有了这些零部件数据库，在产品设计中布局零部件的位置，就有了依据，以免混淆。特殊的零部件，需要添加在零部件档案中，并对维修人员额外进行培训。在激烈的全球化贸易竞争中，采用标准化的零部件设计，是使维修更实际可行，更有利于争取市场份额。

修理的费用也是影响可修理性的因素。如果费用高，则产品修理的可能性就不大。人工费用是产品修理的主要成本，它是直接与产品拆卸时间长短及产品复杂性有关的。若修理中人工费用高，则只有那些贵重物品才值得进行修理；另外，妨碍修理的产品，也会过早地废弃。可修理的设计也支持了产品的售后服务。公司应在销售时提供产品的有关资料，如：故障原因与解决方法，维修的程序，必要的工具和元件的使用寿命等。

3.5 可再制造

再制造是将用旧的产品重新加工，恢复为一个新的产品的过程。在工厂再制造中，报废的产品先要完全将零部件拆解，再清洗、整修，分类存放，最后，这些可再用的元件与新的元件，再组装成新的产品。这些产品应与原来同类产品一样，并且有同样的使用寿命及其他相同的性能。稳妥来说，一般把修理过的和重新翻修的产品，还是与新产品区别出来，标明哪些部件是失效了更换过的。

工业设备或其他贵重仪器是不应该迅速变化更新的，最好选择利于翻新制造的设计。典型的可再制造的产品，如喷气式飞机的发动机，客车、火车、制造业的设备和办公家具等。可再制造产品体系的特点是：原来的核心装置还有效；翻新的产品还有市场；易收集、费用低；有拆解和分类储存的基地。

设计师首先必须确定是否有足够的旧设备支持再制造，即需要有一定的再生产规模。规划合适的再生市场和旧品收集系统，有助于确保再加工制造业的效率和成本的降低。为使再生产品与新产品的市场有竞争力，收集成本必须低，这部分成本包括运输费用和从用户收集的费用。

降低收集和运输储存废旧设备的成本，是再制造品竞争性价格的保证。但是，若没有在设计中考虑有利于再制造的特性和策略，也是不行的。这些设计策略包括：容易拆解；贵重元件具有足够的磨损公差；核心装置在使用后，没有不可修复的损伤；可替换的零部件和元件应在产品的清单上有标示。

适宜再制造产品的设计，必须容易拆解。用黏合和焊接等这类紧固连接的方式是不利于再制造的。贵重的元件应设计为耐磨损，表面处理的材料应可再镀覆。设备使用的材料和零部件应耐用，避免使用中过分磨损。零部件应采用通用的标准化设计，以利于再制造。

3.6 可重复使用

重复使用是指使用后，经过清洗去污可继续使用。重复使用与再配制不同。当然，重复使用也需要对淘汰的产品进行修理、清洗或磨光，保持完整性，以恢复做原用或做其他用途。可重复使用是为了提高产品的兼容性。不是专用的一次性用途产品，都应考虑通过修理服务，继续使用，直至报废。

收集的旧品能再使用，首先必须具有完全的功能，它们才能返回作原用或降低等级使用。再使用的产品可能需要进行一些处理，如清洗、维修等。

再使用产品的环境效益取决于不同的产品和期望的用途。如果一种产品的环境影响主要发生在制造阶段或材料的获取阶段，那么这种产品增加使用的次数是对环境有益的。然而，如果大部分环境影响来自清洗或使用阶段，那么增加产品使用周期，对整个产品的环境影响是不利的。

使用方便往往是单个性能产品或一次性使用产品的优点。然而，这会带来其他问题，如用户的费用、采购（需多次采购）用的时间、储存的地方和增加处置费用和环境影响。一次性使用的产品成本都会高于可重复使用的产品。

第四节　延长材料的使用寿命

4.1 循环利用

循环利用包括回收产品再制造利用或回收材料加工再利用。从环保方面定义的循环利用为：“循环利用是指对废弃的产品或材料，从固体废物中进行收集、分类和加工，使其再用作为新产品制造用的原材料或其他用途，而不是作为燃料的一系列的的废物利用的活动。”（图5-13，图5-14）

很多设计者、政策制定者以及用户都认为循环利用是解决废物环境问题的最好办法。循环利用减少了废物填埋，但是它会产生其他的环境影响。在设计者决定采用循环利用的设计策略前，应该了解循环利用的基本知识，回收材料的类型、方法和收集系统，以了解循环利用活动的框架。

图5-13（左）　循环利用

图5-14（右）　意大利CIAK口袋笔记本

4.2 可循环利用的材料分类

适合循环利用的废物可分为以下类型：家庭生活中产生的废物、产品消费前产生的废物、产品消费后产生的废物。

家庭生活中产生的废物，如报纸、旧书、玻璃瓶、饮料容器、家用电器和家具以及其他能作为循环利用的材料。消费前产生的废物是指产品在制造厂产生的废品、废料或废屑，以及营销中产生的废品。它们只需要清洗、分类即可送去再制造产品或材料。这是一种高质量的回收利用。消费前的废物回收后，回收利用价值高，可在很多领域进行循环利用。消费后产生的废物，包括很多如废弃的包装、容器、电子电器产品、家具、用具、纸类用品、木材类、废钢铁等。产品消费后废物的回收利用率取决于回收的方式和分类。很多人都认为，循环利用是消费后废物主要处理方式。其实，如果回收方式不当，消费后产生的废物只能加工一些低档次的产品。（图5-15）

图5-15　循环利用

4.3 循环利用途径

设计人员应选择有效益的回收利用途径，以满足考虑废物再循环利用的需要。主要有闭路循环和开路循环两种物料循环途径。

在闭路循环中，回收的物料是作为原来产品的材料输入，以产生同样的产品或部件。在每一个循环的过程中，还有废物产生。但从理论上讲，闭路循环可以使原来的材料不断循环，没有原材料的流失。当然，在闭路循环中，能源和其他材料的添加还是需要的。

溶剂和其他工业生产过程中的有机物多采用闭路循环方式回收挥发的物料。使用后产生的有些废物是很难采用闭路循环的，因为这些材料已经被污染了或拆解了。

开路循环是通过多途径的方法回收的物料。在处置前也可能循环了多次。所有使用后的物料，基本都采用开路循环利用。使用后产生的废物，混有其他成分或组分已经分解了的，只能做低档次的再生利用。

有些生产过程中产生的或是用前产生的废物，组分已经破坏了的也只能在开路循环中利用。例如白账簿纸可回收直接再制作账簿纸或计算机用纸。但若染色了或不能印上油墨时，就只能送去做一般纸混级用，如制造包装纸、纸板箱等。若白账簿纸与其他废物回收混在一起，则只能做开路循环利用。

4.4 循环利用的设计决策

循环利用是资源有效利用的管理措施。基于这个理念，理论上多数材料应该回收循环利用多次，直至其分解失效。尽管如此，循环利用的设计，并不是满足所有环境要求的最好策略。例如可重复的啤酒瓶，要从收集地返回工厂，再清洁灌装，这比运输同样数量的一次灌装的啤酒，要花费更多的能源。

废物交换是再生循环利用的一个方式。废物交换可通过网络进行。可将一些特殊管理的废物直接返回制造厂，而后再将这些返回的废物作为原材料再用。

为减少运输中的能源消耗，应该在合适的地方建立回收系统，或者设计人员在设计时就考虑制定相应的回收计划。易于循环利用的设计策略还有：设备易于拆卸；使用的材料应有标示；元件应尽量简化，零件固定应便于拆卸；选择易于循环的、可兼容的材料。

产品回收后，要先拆解部件，再对材料再生利用。易于拆卸是有利的，然而，这可能对产品的其他性能有

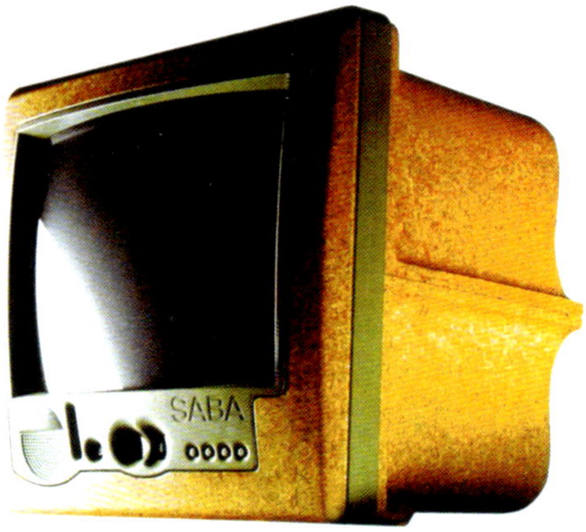

图5－16（左） 使用可再生材料

图5－17（右） 采用可分解材料

影响。例如，快速固定的弹簧锁，可提高安装的速度，但却会对拆卸有阻碍。有些产品元件容易拆卸也可能导致一些贵重元件的丢失。

材料作标示有助于设备元件的拆卸，采用人工或光扫描分类。标准化的材料标示，可使回收的材料或部件易于分类、储存和识别。标示了的材料也容易区别哪些材料是贵重的，哪些易于再生，哪些是不能再生的。

元件的简化与固定的方法也是与产品易于回收利用有关的。这是很有吸引力的设计策略。简化的产品设计也容易安装，使产品不易出故障，质量稳定。

很多设计中，材料的选择不仅与环境要求有关，也要考虑产品成本和性能要求。使用的材料种类太多、太复杂，不仅给产品回收利用带来问题，也使产品成本高。最好是不同的元件使用同一种便于再生产的材料。如果产品不可能使用同一种材料来满足性能要求，那也应该使这些材料能够互相兼容。这样在以后的再生处理中，这些相互兼容的材料不会成为一系列杂物留在再生材料中。

第五节　其他设计策略

5.1　材料的选择

材料的选择是产品设计的基础部分，因此，它也为产品降低环境影响提供了很大机遇。在生命周期的设计里，材料的选择首先要确定是采用天然的资源还是通用的原材料。一般来说应该避免使用天然的资源。然后，设计人员应考虑从材料获取、材料炼制、使用和废弃后的各阶段的环境影响。（图5－16，5－17）

生命周期的产品设计中，有各种原因需要替代现有的原材料。多数情况下替代有毒有害的材料是降低产品生命周期环境影响的根本。当然，这种替代不能影响产品的性能和成本。然而，在做出原材料选择的决策前，必须对替代的材料进行环境影响分析，这有利于避免对产品其他阶段的影响。

材料的精制比材料的替代相对要求更高一些。它适合于一些不能使用替代材料的产品，又要求持续保持产品原有的高性能。有些材料需要通过精制添加或去除部分成分，这样比某些材料的替代更适合。（图5-18）

5.2　减少产品的耗材

节约资源能减少废物的产生，直接降低了环境影响。减少材耗密集型产品的生产，也相对节省了制造和使用中的能源。资源节约性的产品设计不是很简单就能做到的。减少材料的消耗可能在许多方面会影响产品的其他要求。

一些案例表明，只有在不影响产品其他要求的情况下，减少材料消耗才降低环境影响。若只是简单减少材料的使用而不影响产品的性能，那么不用进行生命周期评估就可确定带来效益。但一般来说，减少材耗密集性产品的生产和使用，还是应该进行仔细研究，以确保不会对产品的生命周期其他阶段造成大的影响。

5.3　工艺过程的管理

很多加强工艺管理的措施，都能减少对环境的影响。比如进行工艺替代、提高过程的能源和物料效率、良好的过程控制、改进工艺设备布局和选择以及加强废物的处理与处置，等等。

5.4　高效的配送系统

产品运往各地销售点需要对产品进行包装与运输。如何建立高效的包装与运输系统，需要进行规划与设计。

总之，生态环境系统设计的原则是，产品的开发是一种妥协的结果。要考虑多方面的因素，是消费者、企业、环境相互妥协的结果，环境只是其中的一个方面，在设计中必须始终牢记产品的功能，这是产品存在的基础。（图5-19）

图5-18　用席子包裹的玻璃瓶

图5-19　可折叠的桌子

参考文献

陈汗青．产品设计．武汉：华中科技大学出版社，2005

浩汉设计&李雪如．搞设计．北京：中国建筑工业出版社，2005

[瑞士]Niggli．工业产品造型设计．北京：中国青年出版社，2005

[德]伯恩哈德·E·布尔德克，胡飞译，产品设计——历史、理论与实务．北京：中国建筑工业出版社，2007

周仲凡，产品的生命周期设计．北京：中国环境科学出版社，2006

[日]中西元男、[中]王超鹰，21世纪顶级产品设计．上海：上海人民美术出版社，2005

过伟敏，走向系统设计．南昌：江西美术出版社，2005

吴晨荣，思想的设计——黑川雅之于日本的当代设计文化．上海：上海书店出版社，2005

张凌浩，产品的语意．北京：中国建筑工业出版社，2005

鲁晓波、赵超，工业设计程序与方法．北京：清华大学出版社，2005

李乐山，工业设计思想基础．北京：中国建筑工业出版社，2001

李砚祖，艺术与科学．北京：清华大学出版社，2006

吴翔，产品系统设计．北京：中国建筑工业出版社，2000

张同，产品系统设计．上海：上海人民美术出版社，2000

张凌浩、刘钢，产品形象的视觉设计．南京：东南大学出版社，2005

刘振生等，设计表达．北京：清华大学出版社，2005

柳冠中，事理学论纲．长沙：中南大学出版社，2006

余德彰、林文绮、王介丘，剧本导引一信息时代产品与服务设计新法．台北：田园城市文化，2001

林荣泰、萧铭芚、涂良锦、洪足金，创意学习文化产品设计—— 以台湾原住民服饰数字典藏为例．数字资源的教学应用学术研讨会，2005年11月19日，花莲教育大学，P45-57。

林荣泰，诉说故事·营造情境——文化创意设计的情境故事．艺术欣赏，2006年第2卷第5期

[瑞士]哥德海·休弗雷著 李亦文译，北欧设计学院工业设计基础教程．桂林：广西美术出版社，2006

胡飞，中国传统设计思维方式探索．北京：中国建筑工业出版社，2007

杨向东，产品系统设计．北京：高等教育出版社，2007

赵剑清，产品设计教学解码．福州：福建美术出版社，2006

张帆，光荣与梦想——中国工业设计人的精神家园，http://blog.sina.com.cn/s/blog_48c96829010006n5.html

杨明洁，以产品设计为核心的品牌战略．北京：北京理工大学出版社，2008

张学东，人机工学与设计．合肥：合肥工业大学出版社，2006

张学东，基于绿色产品的开放性设计．中国包装，2008年第3期

花景勇，设计管理——企业的产品识别设计．北京：北京理工大学出版社，2008

s.point design，产品设计指南．北京：清华大学出版社，2006

刘志峰，刘光复，绿色设计．北京：机械工业出版社，1999

[美]Jonathan Cagan Craig M.Vogel，辛向龙 潘龙译，创造突破性产品．北京：机械工业出版社，2004

[美]Vijay Kumar，User Insights Tool，Institute of Design，Illinois Institutes of Technology，January 31，2004

[美]Youn-kyuny Lim Keiichi Sato，Development of Design Information Framework for Interactive Systems Design，Proceedings of the 5th Asian International Symposium on Design Science，Seoul，Korea，2001

[美]Patrick Whitney Vijay Kumar，Faster，cheaper，deeper user research，Desgin Management Journal Vol，No.2

[美] Patrick Whitney Anjali Kelar，Designing for the Base of the Pyramid，Design Management Review Fall 2004

后　记

平时忙于教学与设计，本书从开始立项到最后交付出版社两年有余，中间反复修改多次。

产品系统设计作为工业设计专业教学的总结性课程，不仅需要整合前置课程的内容，而且需要从新的高度、更全面的视角来理解设计本身。虽然在讲台上已站了多年，经历的设计案例也不少，但从文字的角度来诠释产品系统设计，并作为省规划教材面对学生，心里仍不免忐忑不安。

感谢同事与家人的鼓励，他们给予了精神上慰藉和支持。感谢所引资料作者的帮助，没有他们前面的研究基础，此书也难以完成。感谢出版社的支持，感谢同学们的帮助，感谢一切给予过帮助的人们。